傾力特輯

太陽の牙

ダグラム

這架

1/72 scale 02

1/72 SCALE

DOUGRAM
▶ UPDATE VERSION ◀

模型製作紀實

讓COMBAT ARMORS MAX發揮

100倍

樂趣的方法

太陽の牙
ダグラム

©SUNRISE ※この商品には「1/72 scale コンバットアーマー ダグラム アップデートver.」が1セット入っています。

「COMBAT ARMORS MAX」乃是以推出「太陽之牙達格拉姆」1/72塑膠套件為主旨的系列，如今達成將動畫中登場各式CB裝甲全數推出的目標已近在眼前。打從2014年1月推出本系列首作「戰鬥裝甲 達格拉姆」算起，到了2021年時也已歷經了7年的時光。包含已宣布將推出套件的商品在內，本系列的商品已有28款之多。本期正是要以COMBAT ARMORS MAX這個龐大的套件系列為題材，由多位頂尖職業模型師同台演出，一同展現能更深入地享受達格拉姆模型之樂的方法。還請各位仔細品味這次從舊化塗裝法一路講解到改造範例、情景模型、擷取式場景等的精彩內容，獻給所有擬真機器人模型迷的熱血傾力特輯！

# Not even justice, I want to

您見證了達格拉姆模型的真相嗎!?

# 達格拉姆
# 是我的一切！

illustration : TENJIN HIDETAKA

get truth!

Max Factory

**01** 戰鬥裝甲 達格拉姆 — 2014年1月發售
**02** 索爾提克 H8 圓臉 — 2014年7月發售
**03** 阿比提特 T10B ＊傻大個 — 2014年10月發售
**04** 索爾提克 H8RF 柯契曼 Spl — 2014年12月發售
**05** 鐵腳 F4X 哈斯提 — 2015年12月發售
**06** 布羅姆利 JRS 天才舞者 指揮官型＆飛彈英艙型 — 2016年5月發售
**07** 索爾提克 H102 叢林人 — 2016年11月發售
**08** 東陸 WE211 犏牛 — 2017年5月發售
**09** 阿比提特 T10C 傻大個 X 星雲對應型 — 2017年3月發售
**10** 布羅姆利 伊凡 DT2 — 2017年6月發售
**11** 索爾提克 HT128 大腳 — 2017年11月發售
**12** 索爾提克 H404S 鯖魚 — 2018年7月發售
**13** 卡巴羅夫 AG9 尼古拉耶夫 — 2019年1月發售
**14** 戰鬥裝甲 達格拉姆 對空武裝強化型背包裝著型 — 2019年3月發售
**15** 阿比提特 F35C 暴風雪砲手 — 2019年7月發售
**16** 阿比提特 T10B 傻大個 強化型背包裝著型 — 2019年10月發售
**17** 鐵腳 F4XD 哈斯提 XD型 — 2020年1月發售
**18** 索爾提克 H8 圓臉 強化型背包裝著型 — 2020年5月發售
**19** 阿比提特 F44A 螃蟹砲手 — 2020年6月發售
**20** 索爾提克 H102 叢林人 強化型背包裝著型 — 2020年9月發售
**21** 阿比提特 F44B 龍舌蘭砲手 — 2020年10月發售
**22** 戰鬥裝甲 達格拉姆 升級 Ver. — 2021年2月發售
**23** 阿比提特 F44D 沙漠砲手 — 2021年5月預定發售
**24** 索爾提克 HT128 大腳 雪上用偽裝 防寒服規格 — 2021年8月預定發售

**EX-01** 索爾提克 H8RF 柯契曼 Spl 24部隊套組 — 2014年12月發售
**EX-02** 戰鬥裝甲 達格拉姆 進階套件 — 2015年5月發售
**EX-03** 驅逐型達格拉姆 機械設計師 大河原邦男展 Ver. — 2016年2月發售
**EX-04** 索爾提克 H8 圓臉 輕量型選擇式套件 — 2018年2月發售

（2021年2月份時資訊）

## 太陽之牙

自右起依序為菲斯塔‧布倫科（18歲）、契柯‧比安提（19歲）、凱娜莉‧道涅特（17歲）、克林‧卡西姆（17歲）、洛基‧安德烈（18歲）、無名（年齡不明）、比利‧波爾（16歲）。除了克林以外均為德洛伊亞出身。領隊是洛基。

# 太陽之牙
# 馳騁於德洛伊亞的大地
# ～戰鬥的軌跡

「太陽之牙達格拉姆」是一部描述年輕人們投身德洛伊亞獨立運動，馳騁於該星球的大地上，熱血澎湃地揮灑青春的故事。在此要回顧人稱「太陽之牙」的他們究竟經歷了何等奮戰。

## 1 地球與德洛伊亞
### （第1集）

德洛伊亞是史塔菲拉斯星系的八大行星之一。位於距離地球約224光年處。雖然大小和環境幾乎與地球相同，但溫度和濕度都稍微偏高。由於主星為雙重太陽，會對電離層造成干擾，因此電波的傳遞距離幾乎僅限於目視範圍內。不僅如此，在S.C.152年6月時，該星系更是被名為X星雲的特殊帶電磁性氣體所籠罩，導致發生了全星系內所有電腦效能都顯著低落的現象。

發現德洛伊亞這顆行星之際，正好是地球受到人口爆發影響，發生了嚴重糧食危機、資源枯竭的時期。由於德洛伊亞具有可供生物生存的環境與豐富資源，因此對地球來說是一大希望。

為了開發德洛伊亞，第一步就是在S.C.17年時完成蟲洞隧道。隨著使用蟲洞航法，地球與德洛伊亞之間的距離只要花52小時就能抵達。

於是自S.C.22年起開始往德洛伊亞進行移民。到了故事開始的S.C.152年時，德洛伊亞的總人口已達12億，其中有90%都是在德洛伊亞出生、成長的人。

儘管地球消費的糧食有40%來自德洛伊亞，更有80%的礦物資源也是源自該處提供，但該地的資本卻被地球大企業所掌控。就連政治方面也相仿，德洛伊亞只被視為地球的殖民行星，由地球聯邦評議會派遣的殖民政府進行統治，不具備自治權與參政權。

經年累月的高壓統治與經濟剝削令當地人們累積了許多不滿，渴求獨立的聲勢會逐步高漲，這也是理所當然的事情。

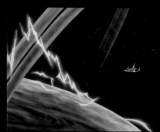

◀這是德洛伊亞的外觀。周圍有著帶放射性的行星環，看起來和土星有點相似。

## 2 德洛伊亞的異變
### （第2～6集）

一切都是從一聲槍響開始的。馮‧施坦因上校射殺了身為第8軍司令官的丹洛克。他隨即制壓住首都卡迪諾，並且宣告從地球獨立。除此之外，數名地球聯邦評議會的來訪議員也被當成人質，其中甚至包含了評議會的議長道南‧卡西姆。

道南的三子克林‧卡西姆獲知此事後，對於決定觀望事態發展的家人感到不滿，憤而獨自前往德洛伊亞。他在機場與於地球結識的洛基‧安德烈等德洛伊亞當地出身友人重逢。但他自覺雙方立場不同，只好尷尬地告別。然而就在那之後，叛亂軍便襲擊了機場。克林於是駕駛圓臉迎擊，也因此有了第一次的實戰經驗。

地球方面將鎮壓叛亂和救出議員們視為當務之急，於是派瑞夫‧博伊德負責指揮救援部隊。克林見到姊夫瑞克後，志願加入救援部隊。瑞克起初反對此事，但考量到駕駛員有缺額，因此便依戰時特別條例批准克林加入行動。搭上圓臉後，克林便一路趕往目的地首都卡迪諾。隨著CB部隊的佯攻行動奏效，救援部隊攻入了議會大樓。

然而克林在那裡所目睹的，竟是父親道南與馮‧施坦因在悠閒暢談的模樣。在難以理解眼前這副光景的同時，對於父親明明看見了自己卻仍不為所動的模樣，他不禁感到一絲落寞。

馮‧施坦因宣稱這次叛亂是遭到獨立派議員煽動造成的結果，獨立絕非自己所願。其真正目的在於讓德洛伊亞成為聯邦第8個自治州。而道南也認同這個訴求，決定讓德洛伊亞升格為自治州。

◀為了救出敬愛的父親，克林親自參與行動前往首都卡迪諾。

## 3 與達格拉姆的邂逅
### （第7～9集）

馮‧施坦因成為州代表後，展開了徹底追緝游擊隊的行動。他公開宣言先前那場叛亂其實是為了誘使獨立派游擊隊曝光的舉動。在他的計謀下，聽信了虛假獨立宣言而出面的獨立運動人士、游擊隊接連遭到緝捕、殺害。身為洛基夥伴的凱娜莉，她的哥哥迪爾也是犧牲者之一。

克林為這種卑鄙手段感到憤怒不已，於是決定協助游擊隊這一方，但反而被逼入絕境。此時救了他的，正是薩瑪林博士和戰地記者勒托夫。在薩瑪林帶領下抵達的據點裡，克林見到了由游擊隊所研發出的新型CB裝甲「達格拉姆」。薩瑪林告訴克林「你可以走上和你父親不同的路」。

儘管克林離開了據點，但他並未察覺自己遭到跟蹤。據點隨即遭到軍方突襲，不僅薩瑪林遭到逮捕，就連達格拉姆也被奪走。

克林為此深感自責，於是獨自奪回達格拉姆。在獲得了投身游擊隊的洛基等人信任後，克林決定與他們一同行動。游擊隊以德斯坦為領袖，決定前往正打算量產達格拉姆的波納爾市。

◀克林為了緝捕游擊隊的卑鄙手段而感到憤怒，雖然決定幫助游擊隊，卻反而遭到懲處。

▶正因為克林選擇走上與父親道南完全不同的道路，所以薩瑪林將達格拉姆託付給了他。

# MAIN MECHANIC COLLECTION

## 主要機體收藏集

在此要以CB裝甲為中心，介紹在「太陽之牙達格拉姆」中登場的主要機體。

▶這架德洛伊亞製CB（戰鬥）裝甲是由以薩瑪林博士為領袖的游擊隊陣營進行研發與製造而成。在徹底研究過聯邦軍機體的同時，在設計上也將受到X星雲影響，導致通信與電子儀器在效能上會顯著地低落一事納入考量，力求讓機能提升至最大極限。託付給克林‧卡西姆的為試作型，原本計畫在波納爾市進行量產，但最後未能實現。

達格拉姆

達格拉姆
（渦輪背包裝著狀態）

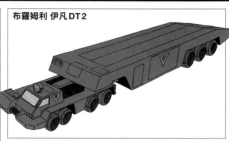

布羅姆利 伊凡DT2

▲連同渦輪背包在內，由J‧洛克提供給太陽之牙的專用拖車。

◀渦輪背包是自第23集起配備的。達格拉姆因此得以長期獨立行動，還能使用線性加農砲。線性加農砲在威力上為線性砲的5.6倍。而且渦輪背包也令線性砲能夠持續開火發射。

## 4 與加西亞隊的激戰（第10～17集）

另一方面，州政府向討伐游擊隊的專家「加西亞隊」下達了追擊命令。儘管克林此時試著再次與父親溝通，但獲知兩人之間已經存在著無從彌補的鴻溝後，他決定與父親訣別。

與加西亞隊交戰的地點，就在作為游擊隊據點的佛特岩。面對率領大量部隊發動猛攻的加西亞隊，被迫採取守城戰的克林等人陷入了絕境。在這場激戰中，克林與之前在卡迪諾救援部隊時曾關照過自己的達克上士重逢，然而彼此已是敵對的身分。儘管克林十分猶豫是否該將砲口對準他，但最後還是扣下了線性砲的扳機。看到達克遺留下來的全家福照片後，克林也下定了再也不回頭的決心。

在佛特岩的激戰影響下，水、燃料、彈藥都已見底，因此克林等人襲擊了敵方的補給部隊，結果成功地奪取到物資，而且還俘虜了德洛伊亞出身的整備兵赫克爾。

為此感到憤怒的加西亞隊全新投入了沙漠戰用CB裝甲，對克林等人緊追不放。達格拉姆因為無法行動自如而陷入絕境，為了救洛基等人，克林只好連同達格拉姆一起投降。

不過洛基無法拋下克林，決定回頭救人。不僅如此，赫克爾對加西亞隊的殘忍行徑感到厭惡，於是倒戈幫助游擊隊，使得情勢逆轉，導致加西亞隊陷入潰滅狀態。

雖然加西亞收到了撤退命令，但為了維護最後的尊嚴，他決定抗命繼續追擊克林等人。然而這份執念終究未能如願以償。

擊敗強敵後，克林等人再度啟程前往波納爾市。然而加西亞隊副官歐沛刻意留下的一顆手榴彈也在此時引爆。使得克林等人失去了菲斯塔這位無可取代的夥伴。

▲為了避免夥伴們被捲入危險當中，克林帶著達格拉姆向加西亞投降。

## 5 其名為「太陽之牙」！（第18～22集）

克林等人平安地抵達了波納爾市。然而在佛特岩之戰後告別克林等人，先一步前來波納爾市的德斯坦卻背叛了他們，導致克林等人被聯邦軍包圍。不僅如此，聽到新聞中傳來薩瑪林博士決定投效對方陣營的宣言，洛基認為再繼續戰鬥下去也毫無意義，建議放棄達格拉姆。為此事感到反彈的克林決定另外展開行動。

克林與凱娜莉及赫克爾襲擊了波納爾GP賽，並且與恢復戰鬥意志的洛基等人會合。此時出手幫助了他們的，是一名自稱J・洛克的獨眼男子。他還自稱是薩瑪林博士心腹部下，更告訴克林等人薩瑪林博士投效對方陣營的宣言出自捏造。

在為自殺的前波納爾市長舉辦葬禮時，克林等人原本打算綁架前來出席的馮・施坦因，打算用他來交換薩瑪林博士，但最後失敗了，也因此遭到札爾茲夫少校追擊。儘管克林等人在對方的卓越作戰指揮下被逼入絕境，不過幸好被J・洛克所救。

在勒托夫署名撰寫的報導中，描述了克林等人的戰鬥歷程，並且稱他們為「太陽之牙」。一行人因此士氣大振。之後太陽之牙決定前往斯帕市出席全國游擊隊組織齊聚一堂的會議，於是離開了波納爾市。在一行人當中，多了一名對馮・施坦因的演講感到憤怒不已，加上被洛基等人所救，於是自顧自地決定加入他們的喬治這號人物。

▲在波納爾與克林等人結識的，是長相與已陣亡的菲斯塔一模一樣，名為喬治・喬丹的男子。

◀雖然太陽之牙企圖綁架馮・施坦因，但這個計畫最終失敗了。

## 6 救出薩瑪林博士（第23～25集）

太陽之牙抵達斯帕市時，發現在那裡等著他們的正是J・洛克。他還準備好了渦輪背包這組新裝備，以及專用拖車布羅姆利 伊凡DT2。

然而最重要的游擊隊會議並不順利，在多方各自主張立場的情況下爭論不休。看來唯有由薩瑪林博士擔任領導者，才能整合各自為政的游擊隊。克林等人深切體會到這一點後，獲知了博士被關在巴拉夫軍人監獄裡的消息，於是決定展開救出博士的行動。儘管他們與J・洛克一同攻擊了向來以固若金湯聞名的該監獄，但在獲得了情報的札爾茲夫指揮下，這次行動以失敗告終。

不過J・洛克也隨即果敢使出隔天便再度行動的奇招。所幸好在子的典獄長與札爾茲夫處不來，讓眾游擊隊成員得以攻進監獄內。在擊敗由新型CB裝甲傻大個組成的部隊後，眾人終於平安無事地救出了薩瑪林博士。

▲在斯帕市等著太陽之牙的，正是在波納爾市結識的夥伴J・洛克。

▲太陽之牙成功地從號稱固若金湯的巴拉夫軍人監獄救出了薩瑪林博士。

# 太陽之牙獲得了名為達格拉姆的鋼鐵戰友，一同邁向無盡的戰鬥

圓臉 索爾提克H8

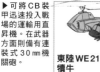
▶可將CB裝甲迅速投入戰場的運輸用直昇機。在武器方面則備有連裝式30mm機關砲。
東陸 WE211 犢牛

輕量型 圓臉型

◀考量到在X星雲影響下會造成靈敏性變差，因此拆掉外裝甲作為彌補的機體。這個構想出自札爾茲夫少校的提案。理所當然地，主防禦力也明顯變差了許多。

▲這是索爾提克公司研發的第一款雙足行步型CB裝甲。相較於先前問世的螃蟹砲手，它的靈敏性更高，因此以聯邦軍主力機種的身分大顯身手。不過終究並非X星雲對應機種，導致與達格拉姆交戰時居於劣勢。

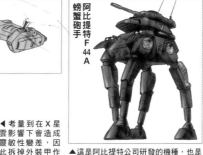
螃蟹砲手 阿比提特F44A

▲這是阿比提特公司研發的機種，也是在德洛伊亞第一個進入實用階段的四足型CB裝甲。儘管具備驚人的跳躍力，但作為關鍵的腿部遭到攻擊就會癱瘓。隨著雙足型CB裝甲達到實用階段，主力機種的寶座立刻被奪走。不過與步兵和車輛交戰時仍具有十足的優勢。

龍舌蘭砲手 阿比提特F44B

▲這是螃蟹砲手的武裝強化型。加西亞隊就是使用這個機型。不僅增設了2具火箭彈英艙，在機身兩側還設有可供搭載物資和步兵使用的露臺。

阿比提特F44D 沙漠砲手

▲螃蟹砲手的衍生機型之一，正如其名所示，屬於針對沙漠戰特化的機型。能憑藉貼地面積不大的6條步行腿在沙漠中自由自在地移動。由於還可發揮氣墊機能，因此就連達格拉姆也會被玩弄於股掌之間。不過通用性終究比較差，最後只製造了試作型便沒了下文。

## 7 前往新天地帕米拉
### （第27～30集）

救出薩瑪林博士後，為了澄清先前投效州政府的聲明出自捏造，博士決定接受勒托夫的採訪。在採訪過程中，博士也暗示了可能會擁立有別於州政府的獨立政府。

不僅如此，博士還透露了由於中央大陸的獨立運動在檯面上已平息，因此會把抗爭活動據點移往帕米拉立大陸的意圖。

為了募集活動資金，博士決定找以德洛伊亞為根據地的民族系企業尼爾歐達金屬公司進行談判。對方則是慷慨允諾。然而在勒柯克的陰謀下，尼爾歐達社長出賣了游擊隊的情報。在準備前往帕米拉之際，雖然克林等人要搭的船已被敵方知曉，不過在無名的臨機應變下總算倖免於難。由於知道尼爾歐達的苦衷，因此薩瑪林並未責備他的背叛行為。

另一方面，札爾茲夫少校在接連失敗後，終於被解除了追擊部隊指揮官的職務。但此舉也令他和部下門心生不滿，導致軍方內部產生分裂，最後招致了原本有著能趁克林等人從蘭貝爾港出發前往帕米拉時逮住他們的絕佳機會，卻白白錯過的最糟結果。克林等人也因此順利地一路前往帕米拉。

▲薩瑪林獲救後，提出了打算把獨立運動據點轉移至新天地帕米拉的想法。

▲太陽之牙雖然在蘭貝爾港交戰時陷入困境，不過在敵方出錯的情況下倖免於難。

## 8 與帕米拉游擊隊並肩作戰
### （第31～35集）

太陽之牙與薩瑪林博士平安地抵達了新天地帕米拉大陸。擔任帕米拉游擊隊領袖的諾奇歐，以及喬克等人因為能與太陽之牙合作，令士氣獲得了前所未有的鼓舞。儘管他們順勢一舉起義，企圖攻下行政府所在的德加市，然而在新上任行政官的瑞克率領聯邦軍反擊下，他們終究不敵敗北。就連諾奇歐也在這場戰鬥中陣亡。

眼見以此為契機爆發的武裝起義，薩瑪林派遣使者前往各地，企圖整合勢力。畢竟唯有眾人團結一致，才能達成獨立這個目的。

另一方面，克林發現買到的武器為地球製品，因此驚訝不已。原來對於梅德爾州掌握聯邦主導權一事感到不滿的其他州會暗中賣武器給游擊隊。這件事令克林感到相當苦惱，薩瑪林在坦言達格拉姆也有使用到地球製零件之餘，亦提醒他「不要迷失了自己追求的目標」。

在那之後，與麗塔及喬治一同前往拜訪野戰醫院時，克林與身為青梅竹馬的黛西重逢了。黛西過去是名副其實的深閨千金，如今看到她全心全意工作的模樣，克林也下定了無論如何都要向前邁進的決心。

▲太陽之牙渡海來到帕米拉後，隨即與當地的游擊隊合作。前舞女麗塔也是他們的夥伴之一。

▲克林在野戰醫院與黛西重逢。看到她拚命工作的模樣後，克林也振奮起了要踏出下一步的決心。

## 9 新的城寨安迪礦山
### （第36～45集）

安迪礦山以作為德洛伊亞頂尖的資源開採場而聞名。而且統治這裡的柯霍德、明格斯、洛迪亞這三州在經濟上都與梅德爾州居於對立面。為了利用這個局面，薩瑪林決定要以安迪礦山作為獨立運動的據點，因此一路前往該礦山。

瑞克與薩瑪林見面後，努力地想說服他放棄進入安迪礦山，但薩瑪林始終不肯點頭。於是瑞克只好下令封鎖所有能前往安迪礦山的陸路，不過隨著成功奪取到貨物列車，薩瑪林等人成功地進入了安迪礦山。薩瑪林立刻請求與礦山的經營陣容見面，亦獲得了他們允諾協助。在獲得安迪礦山這個據點之後，薩瑪林也決定在這裡設置人民解放軍的總部。海斯·卡梅爾也以幹部的身分加入了他們。獨立運動就此邁入了全新的局面。

由於各自治州之間有著錯綜複雜的權力與利益糾葛，因此安迪礦山是個用不著擔心會遭到敵人攻擊的基地。畢竟要是隨便出手攻擊的話，那就等同於與統治礦山的這三州為敵。

然而在獲得了如同銅牆鐵壁的「防禦」之餘，卻也相對地難以發動攻勢。畢竟就現況來看，現有部隊只能說是一群雜牌軍。他們十分需要一位精於規劃戰術的作戰指揮官。

▲在J·洛克的說服下，札爾茲夫決定受邀擔任解放軍的作戰參謀。

## 10 逃出安迪礦山
### （第46～52集）

薩瑪林心目中的頭號人選就是札爾茲夫。在蘭貝爾爾港違背命令後，札爾茲夫便因此被問罪而遭到軟禁，薩瑪林打算招募他來擔任參謀。從襲擊戒護車的J‧洛克口中聽聞此事後，札爾茲夫難以掩飾對於是否該投身游擊隊感到猶豫一事，但仔細想想，身為軍人的自己已毫無前途可言，於是下定決心接受這份命運的安排。

另一方面，太陽之牙則是即將面對令人哀傷的離別。麗塔與恩人德斯坦重逢，對方不僅是當舞女時期就結識的，他訴說的理想主義也令麗塔產生共鳴，更成了她加入游擊隊的契機。然而因為從他手中取得了假情報，導致夥伴們陷入危機。麗塔並未透露情報來源是德斯坦，遭到了太陽之牙的質疑，為了詢問他的真正想法，她離開了夥伴的身邊。儘管麗塔終究還是得知他的真面目，但她覺得這次輪到自己幫助德斯坦了，於是便前往走私武器的現場，試圖說服他洗心革面。不幸的是，勒托夫碰巧出現在該地，導致德斯坦誤認為麗塔出賣自己而開槍射殺了她，一條年輕的性命就此消逝。

在發生安迪礦山一事後，道南深切感受到抑制反梅德爾爾勢力的必要性，於是便返回了地球。趁著道南不在此地，獲任成為代理人的勒柯克高級專員擅自決定對解放軍採取箝制行動。他對統治礦山的三州代表進行拉攏，企圖藉此扭轉情勢，讓這3州主動驅逐解放軍。

另一方面，克林等人透過勒托夫獲知了麗塔的死訊。暗戀麗塔的喬治悲痛欲絕，因此騎著裝載了飛彈的機車向傻大個部隊發動自殺攻擊。

為了轉移外界對安迪礦山的注意力，札爾茲夫命令太陽之牙到礦山外圍打游擊戰。自此之後，太陽之牙便以解放軍游擊隊的身分大顯身手。某天，太陽之牙救了三名聯邦軍的逃兵。這三人都是帕米拉出身，由於拒絕未經審判就槍斃同為帕米拉人的游擊隊成員，因此才會成為逃兵。不過這場小小叛變日後將會演變為動搖聯邦軍內部的巨大裂痕，這時的克林等人尚不得而知。

另一方面，返回地球之後，道南憑藉著出色政治手腕抑制住了聯邦評議會內部的不合狀況，還決定對安迪礦山發動總攻擊。三州的礦山經營陣容也下令停

止支援游擊隊。聯邦軍則是向游擊隊發出了必須在三天內撤出礦山，不然將會發動總攻擊的警告。薩瑪林在拒絕對方的要求之餘，亦指示要擬定無血撤離計畫。接下這份任務的札爾茲夫心生一計，他請薩瑪林以開會為名義拖延三天的時間，誘使聯邦軍在不耐煩的情況下先一步動手攻擊。然後趁亂讓事先偽裝難民的解放軍成功地撤離該地。

▲獲知麗塔的死訊後，喬治傷心欲絕。

◀克林等人救了三名身為德洛伊亞人的逃兵。還從他們口中獲知軍方內部對德洛伊亞人有著嚴重的差別待遇。

▲獲知恩人德斯坦如今成了叛徒後，麗塔拚了命地想拯救他。

▶札爾茲夫的作戰成功奏效，解放軍順利地從安迪礦山撤退。

## 解放軍在新天地帕米拉士氣大振！

哈鐵斯腳提F4X

◀這是阿比提特公司旗下廠商鐵腳公司所研發出的第一款CB裝甲。一開始就是針對反CB裝甲戰而研發的，身為X星雲對應型機種自然不在話下，還採用了密閉式駕駛艙，更備有中距離射程的大型線性砲等武器，在武裝面上經過一番強化。原本作為聯邦軍次期主力機種而部署了許多架至烏爾納基地，但該基地遭到解放軍占領後，它也就成了解放軍的主力機種。自第51集起登場。

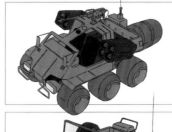
◀這是J‧洛克隊所使用的機動沙地車。備有1挺機槍和四連裝飛彈莢艙。

◀裝甲車為聯邦軍的主力戰鬥車輛。在武裝方面備有線性砲。

◀這是加西亞隊所使用的軍用吉普車。

◀這是裘雷優MP-2杜伊，為聯邦軍中具代表性的戰鬥直昇機。

## 11 烏爾納基地的叛亂
### （第53～54集）

獲知游擊隊成功撤離礦山後，儘管聯邦軍打算立刻派兵追擊，但鄰近的烏爾納基地爆發了叛亂，導致事態為之大變。由於受不了長期以來的嚴重差別待遇，因此該基地裡占超過八成的德洛伊亞人士兵終於以札納中尉為領袖揭竿起義。先前太陽之牙救的那3名逃兵，其實只是此事的前兆罷了。

瑞克行政官打算用溝通的方式解決這個狀況，但無論是聯邦或叛軍都沒有回應他。在二度勸降無效之後，對烏爾納基地的攻擊也就此展開。儘管聯邦軍有自信能夠順利鎮壓成功，但此時發生了意想不到的狀況。那就是游擊隊陣營對這場叛亂提供了支援。意料之外的伏兵令聯邦軍遭到重創，使他們不得不撤退。整個事態也往叛軍加入游擊隊這個最糟糕的方向發展。

解放軍就此進入了烏爾納基地。薩瑪林博士更宣告了打算在帕米拉中心地點，亦即德加市樹立解放人民政府的行動方針。

相對於派遣第8軍以外部隊加入行動納入考量的道南·馮·施坦因主張只靠第8軍來處理現況。因此他派遣了第8軍中的精銳部隊「24部隊」出擊。

▲由於無法忍受嚴重的差別待遇，聯邦軍烏爾納基地裡的德洛伊亞人士兵以札納中尉（左）為領袖揭竿起義。

▲進入烏爾納基地後，薩瑪林對夥伴們宣言將會在德加市樹立解放人民政府。

## 12 解放旗在德加市飄揚
### （第55～59集）

解放軍再度往德加市進軍，來自各方的游擊隊和叛軍也趕來會合。烏爾納基地那場叛亂的影響已波及各地。解放軍的勢力因此日益強大。

解放軍抵達史丹利高原時，瑞克辭去的行政官一職已由弗烈茲·曼農中校接任，他指揮以24部隊為核心的聯邦軍與解放軍交戰。面對第8軍引以為傲的精銳24部隊，克林也陷入了苦戰，局勢呈現了拉鋸戰。不過所幸J．洛克率領的機甲部隊及時馳援，最後以解放軍獲勝收場。

因為這場勝利，解放軍得以進入德加市並制壓住該地。薩瑪林也正式宣告成立解放人民政府。聽聞此事令道南·卡西姆的宿疾惡化，導致他失去意識病倒。

為了奪回德加市，馮·施坦因派第8軍的艦隊前往該地，但在負責守衛沿岸的太陽之牙大顯身手下遭到擊潰。這也是解放人民政府的第一場勝仗。

▲在史丹利高原攻防戰中，儘管克林挺身對抗24部隊，但在第一次交戰時幾乎毫無還手之力。

▲在史丹利高原攻防戰中獲勝後，解放軍制壓住了德加市。薩瑪林如願以償地對內外宣告成立解放人民政府。

## 13 前往北極太空港
### （第60～67集）

為了徹底獲得勝利，薩瑪林博士打算制壓住作為與地球往來要衝的北極太空港。他也因此和主和派的卡梅爾對立。而成為道南代理人的勒柯克高級專員則是企圖與卡梅爾接觸。在勒柯克一手掌握大權後，他漆黑萬分的野心也悄悄地逼近了解放軍。

儘管聯邦軍發動了各式作戰，企圖阻止解放軍前往北極太空港，但在太陽之牙的活躍表現下，最後還是以失敗告終。

當解放軍即將抵達可說是最後難關的卡爾納克山脈時，等在該地的聯邦軍發動了猛烈攻勢，因此陷入了苦戰。就連達格拉姆也被擅長雪山戰的CB裝甲玩弄於股掌之間，所幸最後還是勉強擊敗了對方。北極太空港已近在眼前。

勒柯克則是在北極太空港謀殺了向來礙著自己的馮·施坦因，如今已不再有人能夠違逆他。

▲薩瑪林否決了卡梅爾提出的談和方案，為了徹底獲得勝利而決定進軍北極太空港。

▲卡爾納克山脈有著高度達6000公尺級的群山峰峰相連，對解放軍來說是最後的難關。

索爾提克H8RF
柯契曼Spl.

◀這是圓臉的改良型。在搭載X星雲對應型電腦的同時，亦配備了渦輪背包和臂裝線性砲，因此戰鬥力獲得了大幅提昇。而且更是交給由精銳駕駛員組成的24部隊搭乘，可說是以最強敵軍的身分阻擋在達格拉姆面前。在第54～56集登場。

索爾提克H404S
鯖魚

▶這是起初僅以強化了防水性能的陸戰兵器形式進行研發，途中才更改為水陸兩用機種的CB裝甲。從旗艦上出發後便能往登陸地點執行突擊登陸作戰。備有水中潛航用的水流噴射推進器，但必須在登陸前切除拋棄。在第58～59集登場。

索爾提克HT128
大腳

◀搭載了X星雲對應型電腦，還配備了防水＆防寒服。因此部署地點是以寒帶為中心，在卡爾納克山脈與北極太空港的戰鬥中以主力機種身分與解放軍交手。基於具備由駕駛員和砲手搭乘的複座式設計，故採用了能獲得更寬廣視野的泡型座艙罩。在第65～70集登場。

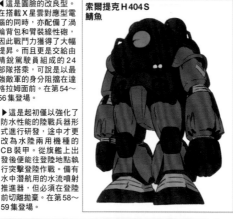

## 14 父親的遺言
（第68～70集）

在勒柯克鼓吹下，卡梅爾聽信了一旦制壓北極太空港，必然會與地球爆發全面性戰爭的說法，於是決定造反。在軟禁了薩瑪林博士的同時，卡梅爾更下令所有部隊停止進軍。

儘管這突如其來的命令讓解放軍倍感震驚，卻又不得不遵命。卡梅爾接著便開始與勒柯克就獨立問題進行談判，卻也受到算計，陷入了被迫接受極度不利條件的狀況，甚至還必須答應解除武裝。不僅如此，原本以為只是暫時妥協的情況還演變成了既定事實，導致完全失去退路。

就在此際，道南的病情惡化，將不久於人世。被找到病房來的克林終於與父親久別重逢。道南對兒子說「你也終究會改變的」，並且以政治人物身分勸誡他的「年輕氣盛」，但也補充道「往你相信的道路前進吧」。這就是克林從「父親」口中，所聽到的最後一句遺言。

即便是道南的死也無從改變時勢。在薩瑪林的說服下，解放軍同意解除武裝，一切戰鬥就此結束。德洛伊亞如願以償地獨立了。然而克林等人無法接受這個現實。

▲獲知父親的病情惡化後，克林趕赴病房探視。道南以一介父親身分指點他該前進的道路後便斷了氣。

▲突如其來的解除武裝命令。既然是薩瑪林下達的指示，那麼就非得遵循不可，但士兵們還是無法接受。

## 15 再見了，達格拉姆，以及戰鬥的日子
（第71～75集）

首都卡迪諾為士兵們盛大地舉辦了凱旋遊行，整座城市都沉浸於歡慶的氣氛中。然而解放軍士兵中無法接受單方面解除武裝的人並不在少數。

事實上，面對聯邦軍的武力，解除武裝的德洛伊亞別無選擇，只能全盤接受勒柯克提出的極度不利條件。而且很明顯的是，接受他的條件後，德洛伊亞的獨立將會變得有名無實。

卡梅爾至此總算發現自己做出了錯誤的抉擇，然而如今他也已經無能為力。

克林等人對於卡梅爾推動的「假獨立」深感不滿，於是搶走了在城市裡展示的達格拉姆，並且救出遭到軟禁的薩瑪林博士。

為了逮捕會妨礙到談判的薩瑪林，卡梅爾下令治安軍前去追擊太陽之牙。

博士下定決心後，為了替太陽之牙求情以保住他們的性命，於是與J.洛克一同離開。以為遭到博士背叛的太陽之牙則是前往了沙漠。在取得卡梅爾允諾放過太陽之牙後，博士連忙趕往打算進行最後一戰的克林等人身邊。然而早在先前離開之際，他的背後就受了致命傷，性命已如風中殘燭。抵達太陽之牙所在處後，博士將德洛伊亞的未來託付給這群年輕人，也就此斷了氣。

▶薩瑪林在臨終之際將德洛伊亞與地球的全新未來託付給了克林等年輕人，然後就此結束了一生。

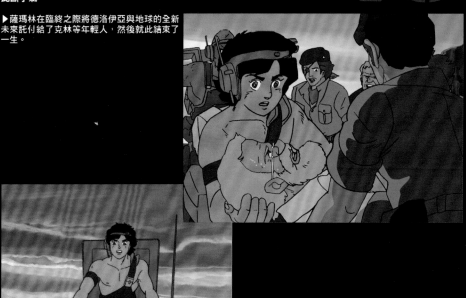

對新政府能力感到惱怒的勒柯克下令聯邦軍出動。針對此事，為了彰顯新政府的主權，卡梅爾也派了治安軍出動。兩軍以包夾住太陽之牙的形式陷入對峙。然而就在危機一觸即發之際，事態卻往意料之外的方向發展。當多年來被勒柯克當作手下使喚的德斯坦表示希望對方能好好地重用自己時，遭到了勒柯克以一句「你這個寄生蟲！」冷言拒絕。這句話令德斯坦陷入瘋狂，憤而開槍射殺了勒柯克。在勒柯克驟然身亡的影響下，總算迴避了最大的危機。

治安軍也鄭重要求克林等人解除武裝。太陽之牙的戰鬥結束了。對於這個既沒有贏家也沒有輸家的情況，克林感到相當空虛，因此他突然啟動了達格拉姆，讓它走到沙漠中間後自行引爆。親手為這位陪伴自己馳騁戰場的戰友送葬。克林和太陽之牙用自己的方式做出了結，以便邁向未來。

克林返回地球後，與即使家人都已離開，也仍留在宅邸裡的母親菲娜重逢。

◀為了能往前邁進，克林決定與達格拉姆這位戰友訣別。而太陽之牙也都贊同他的決定。

## 既沒有贏家也沒有輸家的戰鬥如今終於宣告落幕

▎監製製作記憶 ▏■ COMBAT ARMORS MAX級揮100倍樂趣的方法

◀這是索爾提克HT128大腳用的雪中用偽裝裝備。具有避免驅動部位凍結的功能。

阿比提特F35C
暴風雪砲手

▲和沙漠砲手一樣，這是針對局地戰用所研發出的四足型CB裝甲。擅長在雪原和踏腳處不穩定的山地等環境進行作戰，可以利用最低高度僅為約4m的優勢潛伏在雪原中，藉以靠近敵人發動突襲。在卡爾納克火山脈的戰鬥中就是憑藉這種戰術令達格拉姆陷入苦戰。線性加農砲則是改為固定在主體上。在第65～67集登場。

尼卡
古巴
拉羅
耶夫
夫AG
9

◀這是與圓臉在同一個時期研發的機種，由於有著在氣墊組件底下加裝了兩條腿的獨特外形，加上移動時在跳躍後著地的平衡性不佳，因此延遲了很長一段時間才進入實用階段。故事中僅在戒護薩瑪林博士前往軟禁場所時出現過。在第72集登場。

RYOSUKE TAKAHASHI

# SPECIAL INTERVIEW

「太陽之牙達格拉姆」／原作＆監督

# 高橋良輔

1月11日出生，出身東京都。高中畢業後進入蟲製作公司就職，曾為「W3」「齊天大聖孫悟空」「多羅羅」等手塚治虫作品擔綱導演一職。從該處離職後便參與了SUNRISE製作作品，在1973年時以「英勇無敵號」一作在監督界出道。自此之後也以「太陽之牙達格拉姆」「裝甲騎兵波德姆茲」「機甲界加利安」「蒼藍流星雷茲納」等機器人動畫作品為中心陸續擔任監督一職。除此之外，亦在透過網路播出節目的初期便為「FLAG」「幕末機關・伊呂波歌」擔任監督。近來還為WebNewtype（KADOKAWA）執筆了連載小說「裝甲騎兵波德姆茲 孩子 神之子篇」。

「達格拉姆」為內心點燃的那把火，至今仍推動著我往前邁進。

> 在我認為自己沒辦法製作
> 機器人動畫的那個時期，
> 我所遇到的正是「達格拉姆」。

——「太陽之牙達格拉姆」（以下簡稱為：達格拉姆）在2021年時歡慶首播40週年，目前也正在熱烈推出作品中各式登場機器人的商品，不過據聞當年高橋監督曾經堅定地拒絕參與製作機器人動畫？

高橋：那並非出自真心的「不想做」，而是我在那個時期認為「自己還不足以為作品擔綱監督一職」。我第一部擔任監督的作品是「英勇無敵號」（1973年）（※1），但在該作品播到尾聲時，剛好遇上「宇宙戰艦大和號（以下簡稱為：大和號）」首播，兩者明明同樣屬於科幻動畫的範疇，但「大和號」明顯地先進了許多，這令我深切地體會到自己的實力不足。自「勇者萊汀」起，SUNRISE就一直在持續製作機器

人動畫，我在許多方面都很感激SUNRISE，因此先不論其他公司，如果是SUNRISE委託我擔綱監督的話，我是不會拒絕的。所以姑且不管真正的想法為何，我事先設了一道名為「機器人動畫對我來說是棘手題材，我並不想做這類作品」的防線，畢竟當時SUNRISE給人一種專門製作機器人動畫的感覺，要是對方當真上門委託的話，我才好用這個當藉口婉拒。

我第二部擔任監督的作品是「人造人009」（以下簡稱：009）（1979），當時有好幾部非SUNRISE製作不可的作品檔期擠在一起，印象中應該是5部作品吧，而且還是高層要求的……由於還是同為蟲製作出身的前輩這麼要求，因此我理所當然地沒得拒絕。當時對方還表示「聽說你不打算當機器人動畫的監督，但這是改造人，所以應該沒問題吧？」（笑）。我很清楚自己的實力不足，於是只好小心翼翼地執掌監督一職。但播出了一個月之後，這次輪到「機動戰士鋼彈（以下簡稱為：鋼彈）」上檔了。我又再度變得相當沮喪，陷入了「我果然不是當機器人動畫監督的料」這種念頭中。

「鋼彈」在還沒播到屬於當時標準集數的52集前就提早下檔了，儘管坊間傳言這是基於收視率做出的判斷，但製作方似乎很早就做出了「既然已經培育出了固定的支持者，那麼就該轉往多媒體方向去做出進一步發展」這個決定。話雖如此，在那個時代還沒有將單一作品經營長達數十年的前例，因此SUNRISE也認為要趁著「鋼彈」仍廣受熱愛的期間趕快製作其他自家作品來延續風潮。那時同步進行的企劃就是「達格拉姆」，而找上正在擔綱「009」的我時，對方卻說「別再找藉口了，你就接著繼續做SUNRISE的作品吧」，這就是我參與「達格拉姆」的過程。在那個時間點，「達格拉姆」的企劃案也已經和玩具廠商洽談完畢，因此對方還說「只要有讓這個機器人派上用場就好，剩下的故事隨你怎麼寫都行」，於是我也就專注在統籌編撰「達格拉姆」的故事上了。

——就「達格拉姆」的強烈個性，還有以德洛伊亞行星為舞台這點來說，可以很明顯地看出機械方面的定義和必然性，以及這是一個著重在主題上的故事呢。

高橋：「鋼彈」是以宇宙為舞台，說穿了就是空戰場面居多，而白色基地就是扮演母艦的角色呢。若以軍事來比喻的話，「鋼彈」就相當於是描寫海軍和空軍的故事。既然如此，「達格拉姆」就改為往陸軍的方向發展，那時我就是這麼想的。這樣一來也就能更明確地為作品中的機器人做出定義了。

之所以讓身為主角機的達格拉姆要等到好幾集之後才能展露身手，這是因為我想顛覆機器人動畫的既有套路。既然它會出現在片頭主題歌動畫裡，那麼我就希望能好好地花時間去描述發展至此的流程與必然性。我寫劇本的方式是先決定結局，再和所有製作成員一起往那個方向發展下去。而我在設想「達格拉姆」的結局為何時，腦海中所浮現的，正是「達格拉姆完成使命後的模樣」。如同各位所知，第1集「光之戰士」是從出現腐朽的達格拉姆開始，有如預告了整個故事的結局一樣。決定這樣做之後，我便將編劇統籌也交由星山博之先生去處理，但明明已經到了無法回頭的階段，我卻又覺得十分惶恐不安。即便說過故事可以任我自由發揮，但同時也被課以「必須帶動商品銷售」這個重責大任。即便我打算顛覆套路，但套路之所以能夠成立，當然是出於這樣做能夠造就一定的成果。因此在正式播出之前，我每天都

※1／雖然「英勇無敵號」的製作公司為東北新社，但影片製作單位是身為現今SUNRISE前身的SUNRISE工作室。

在煩惱「這樣做當真不要緊嗎」。儘管就結果來說,「達格拉姆」在商業方面是合格的,但蟲製作時代的前輩也給予了「明明是在外星球上,但幾乎都是荒野之類的風景,這樣的背景美術似乎過於平凡了些」這份建議,我也將這番話立刻應用在下一部作品「裝甲騎兵波德姆茲(以下簡稱為:裝甲騎兵)」中。

──結果「腐朽的達格拉姆」也確實直接地帶動了塑膠模型的銷售呢。

高橋:隨著鋼彈模型熱潮興起,讓塑膠模型暢銷成為了製作機器人動畫的必要條件,這也令我們開始看到了與以往動畫製作的不同之處。我從中注意到的,就是將故事詮釋成立體作品的情景模型。以當時有的素材來看,能夠以情景模型形式做得最具看頭的,就屬腦海中那張「腐朽的達格拉姆」了。在販售塑膠模型時,我們也會一併暗示觀眾「不妨製作成這樣的情景模型吧」,這就是「達格拉姆」在商業層面的考量。情景模型的製作手法和此作品世界觀一致實屬萬幸呢。另外,我很喜歡松本零士老師筆下的「戰場漫畫系列」,該系列每篇作品都會描繪「兵器在戰鬥結束後的模樣」,想來我也是深深地受到了這方面的影響呢。

──「達格拉姆」裡描述了不少補給場面和反戰車戰鬥之類與現實軍事兵器相近的情節,確實非常適合當成製作情景模型的題材呢。

高橋:這也是基於要與同年代其他機器人動畫做出區別的考量。正因為是由人類在操作使用的,所以我刻意保留了屬於兵器的不便感和現實感,一同擔任監督的神田武幸先生也與我抱持著相同想法。這份理念更是與大河原邦男老師設計出的達格拉姆造型十分契合。它並沒有模仿人類所設計的臉孔,而是設置了改以戰鬥直昇機為藍本的駕駛艙。即便是我這種對軍武不是很熟悉的人,亦會對出現在越戰相關新聞或電影「現代啟示錄」中的戰鬥直昇機有著深刻印象。因此就算在製作動畫主篇時不會使用到,我們還是規劃了許多相關設定作為補充,以便讓觀眾們在製作情景模型時可以作為參考。神田監督對第二次世界大戰時期兵器的了解相當深入,在與其相關的政治和運用方面也有的廣泛見識。如果只有我一個人當監督的話,軍武色彩肯定會變得淡薄許多,畢竟我不曉得該如何拿捏將政治戲帶入兒童取向機器人動畫這個領域的幅度才好。我認為正是因為有神田監督的才華,才得以造就出現今的「達格拉姆」。

──在電影版「紀實檔案 太陽之牙達格拉姆」(1983)顯然進一步濃縮了那些要素,昇華為能讓人覺得「達格拉姆」就該是這樣」的作品。

高橋:那部電影是我跟SUNRISE借了個房間住,然後自行剪貼膠捲製作出來的。儘管最後是由專門的製作成員來收尾,但絕大部分流程都是由我親手整合的,因此這部作品很直接地呈現了我在故事中想要表達的內容,以及對眾角色的看法。

──與它聯映的「阿Q迴力車達格拉姆」在風格上則完全相反,這部作品又是怎麼誕生的呢?

高橋:在「達格拉姆」之後,我還是不太曉得自己該往哪個方向去做作品才好。當時曾為「009」擔任角色設計師的蘆田豐雄老師透過「怪博士與機器娃娃」這部作品注意到了鳥山明老師筆下作畫,於是跟我聊起其精湛之處。提到鳥山老師筆下角色的具體特徵,就屬明明具有高精密度的細節,整個體型卻經過壓縮,也就是所謂的超級誇張比例。於是我便擬定了一個以低矮頭身比例機器人為題材的搞笑風格企劃向SUNRISE提案。儘管鳥山老師打從當時就已展現出了過人才華,但我相信這種矮胖機器人肯定另有市場需求,只要加上「阿Q迴力車」這個名字的話,那麼必然能發展為自成一派的系列才對,於是便據此擬定了相關戰略。就結果來說,日後成為社長的山浦榮二先生答覆我「採用與「達格拉姆」相同的角色做出另一部作品」。山浦先生顯然是看出了我的資質吧。在那之後我又製作了「裝甲騎兵」,而我自己也曉得「已經不能走回頭路了」。隨著「阿Q迴力車達格拉姆」製作成動畫電影,後來也催生了各式各樣的超級誇張比例機器人作品,但我並不後悔沒有繼續往那個方面發展。

那幅腐朽的達格拉姆,
象徵著我與神田監督
一同奮鬥的精神。

──高橋監督您以向來著重劇本和文字,甚至還會親自撰寫小說聞名,那麼「達格拉姆」也是採取著重在劇本上的做法嗎?

高橋:是的。但老實說,我並不喜歡工作喔(笑)。這樣講或許會令人覺得難以理解,但既然非得工作不可,那就會想要能從中體驗個性和成就感不是嗎?絕大多數動畫監督都會等到屬於最後階段的繪製分鏡作業時,才去反覆思考「該怎麼做才能讓故事更有意思」。但這樣一來會讓修正圖畫的作業變得相當繁重,根本無暇思考其他事情。我則是認為與其去畫自己向來不擅長的分鏡,不如把時間花在寫劇本和規劃機器人的相關設定上,至於分鏡和鏡頭剪輯就拜託負責各集的導演去處理,這樣做才會比較有效率,結果也確實和我設想中的表現毫無出入。儘管我在「達格拉姆」時有和神田監督一起畫過分鏡,但到了「裝甲騎兵」時,這種手法就已經成為慣例了。

──正是因為能透過劇本進行篩選,由監督您作詞的片頭主題歌「再見了,溫柔的日子啊」和預告旁白才能鮮明地呈現出「達格拉姆」世界觀為何呢?

高橋:預告旁白是能花時間充分表現出自我色彩的地方呢。儘管電影界常說「靠著旁白可以輕鬆地推動故事發展」,但暫且不論需要花錢才能看的電影,有時開電視就只是想一邊聽聲音,一邊做其他的事情不是嗎。因此我覺得作為能夠聽進耳裡的要素,旁白其實也相當重要。如今獨立接案之後,預告旁白也成了我的

重要工作之一呢(笑),而且我同樣為其他作品寫過不少旁白。

歌詞其實是山浦先生說「你應該要像富野(由悠季)監督一樣,多處理一些自己作品裡的東西」,然後硬塞給我去寫的。畢竟有著監督就是整個工作室的代言人,甚至可說是明星這種風潮呢。我自覺沒有音樂方面的天賦,但如果想用某種風格來唱出這個故事的話,其實只要委託專家來作曲就好,因此我便答應了「寫寫歌詞應該還行」。

──儘管「達格拉姆」在一開頭便演出了結局,但還是請教您最後一集的主題何在。

高橋:神田監督曾說過,包含我在內的所有製作團隊成員、眾配音員,以及所有工作人員都十分喜愛這個故事,因此大家也將合作了一年以上的所有情感全數投注進最後一集裡。正因為達格拉姆是德洛伊亞的象徵,所以他們必須負責到最後一刻才行。那幅腐朽的達格拉姆,象徵著我與神田監督一同奮鬥的精神,這和「裝甲騎兵」有著很大的差異。

──儘管當年收看首播的觀眾肯定都倍感震撼,但您第一次擔任機器人動畫的監督便能將一個故事描述到如此地步,這也十分驚人呢。

高橋:我覺得是那個美好的時代造就了這部作品呢。當時SUNRISE開始在動畫界嶄露頭角,經營者和製作人也都不受既有的模式束縛,願意賭注在未知的可能性和嶄新創意上。山浦先生他們這幾位SUNRISE創社元老曾直接拜託我「你還有潛力,再製作出一部新的作品吧」,因此我絞盡腦汁發憤圖強。能夠將「達格拉姆」超過70集的故事一路製作到最後,這為我日後的工作打下了深厚根基。這也令我不再認為僅有完美和失敗之分,而是有了「凡事只要肯去做就會成功」的自信呢。即便感到棘手,隨著真正動手去做,也就能一步一步地往前邁進,並且將自己心目中想要做的主題表現出來,就成為機器人動畫監督的出發點來說,我真的是遇到了一部好作品呢。

──最後想請您對喜愛「達格拉姆」的觀眾說幾句話。

高橋:儘管我至今也仍有追尋嶄新作品構想的機會,但一路以來也歷經過挫折與不如意。然而「只要用這種機器人,我就能創作出一個故事」的思考能量,亦即「達格拉姆」為我內心點燃的那把火從未熄滅,至今也仍推動著我往前邁進,因此我希望讓大家知道自己有多麼地感激這部作品。

(2021年1月透過視訊方式進行採訪)

Symbol of the Deloya liberation
德洛伊亞解放
象徵

# movement
# 運動的

徹底製作記寫 讓 COMBAT ARMORS MAX 發揮 100 倍樂趣的方法

　　戰鬥裝甲 達格拉姆乃是由薩瑪林博士率領的德洛伊亞獨立派游擊隊組織暗中製造而成。在德洛伊亞行星特有的帶電磁性質 X 星雲籠罩下，以電腦為首的電子儀器都會到干擾，但它是當時唯一不會受到影響的機體。雖然達格拉姆曾經一度連同薩瑪林博士落入聯邦軍手中，所幸在克林·卡西姆的臨機應變下重返游擊隊組織，在這之後更與「太陽之牙」一起成為德洛伊亞解放運動的象徵，有著十分活躍的表現。不僅如此，在游擊隊「德洛伊亞之星」的領袖 J．洛克提供了達格拉姆專用強化裝備渦輪背包後，就算面對戰力獲得進一步強化的聯邦軍戰鬥裝甲部隊，它在戰鬥時也能發揮出更勝一籌的實力。

# COMBAT ARMOR DOU

MAX FACTORY 1/72 scale plastic kit "COMBAT ARMORS MAX"
COMBAT ARMOR DOUGRAM UPDATE VERSION conversion
modeled&described by
Hiroshi SARAI

FRONT VIEW

SIDE VIEW

REAR VIEW

# GRAM

## 以呈現更具寫實感的
## 達格拉姆為目標
## 進行全面細部修飾

為本特輯打頭陣的，正是在2021年2月發售的「戰鬥裝甲 達格拉姆 升級ver.」。儘管姊妹誌「HOBBY JAPAN 2021年3月號」已率先刊載過套件攻略範例，不過在此則是要介紹由更井廣志擔綱製作的全面細部修飾範例。這件作品在保留了原本就十分出色的體型之餘，亦利用塑膠材料和剩餘零件等物品在全身各處添加了細部結構。另外，更為多層次色階變化風格塗裝施加了舊化，造就了洋溢著寫實感的光之戰士。

Max Factory 1/72比例 塑膠套件
"COMBAT ARMORS MAX"
戰鬥裝甲 達格拉姆 升級ver.改造

## 戰鬥裝甲 達格拉姆
製作・文／更井廣志

## |COLORING DATA

基於在後續舊化中會導致明度降低，以及比例效果上的考量，因此將顏色調得比設定和成形色更為明亮。
深藍＝CB-01鋼鐵藍＋CB-15鈷藍
灰＝明灰白色
腹部＆胸部灰＝中間灰III
紅＝亮紅色
線性砲灰＝CB-06淺藍灰
渦輪背包綠＝原野綠
線性加農砲灰＝淺藍
關節灰＝機械部位用淺色底漆補土
座艙罩＝透明紫
頭頂處主攝影機、線性砲正面感測器＝手邊有的不明廠商製極薄雷射膜貼紙＋HASEGAWA製透明紅曲面密合貼片

讓COMBAT ARMORS MAX發揮100倍樂趣的方法 ▎模型製作教室

▲將頭部天線用0.5㎜黃
銅線搭配1.0㎜彈簧管重
製。右側也增設了天線。
省略座艙罩的開闔機構
後,不僅去除了正面的軟
膠零件,還用塑膠板修整
該處的形狀。胸部頂面也
追加了探照燈和感測器等
構造。機體各部位追加的
檢修艙蓋採用了共通製作
方式,也就是先做出橫向
的凹狀結構,再加上用
0.3㎜塑膠棒製作出的合
葉結構。

▶將渦輪背包的動力管改
用彈簧管(之後塗裝成消
光質感)重製。更利用
0.2㎜黃銅線搭配0.5㎜
彈簧管做出輔助天線。

▲肩甲的肋梁結構是用0.3㎜塑
膠棒製作而成。鉚釘部位是拿
WAVE製HG微型鉚釘打孔器來
添加的細部修飾。

▲這是製作途中的塗裝前狀態。白色部位是使用塑膠材料添加細部修飾處。由這張照片中可知，範例中確實是以尊重套件本身設計的方式來製作。

▼腿部是格外著重於施加舊化的地方。腳邊一帶不僅有加上汙漬，還添加了擦傷痕跡之類的表現。

▲線性加農砲將砲管部位換成了HG鋼彈模型的剩餘零件。其他部位也用塑膠材料和剩餘零件添加了細部修飾。

### ■前言
玩家們期盼已久的達格拉姆 升級ver.來啦！在此要為這款精湛的套件徹底追加細部結構，並且施加充滿寫實感的舊化，藉此進一步發揮出這款套件的魅力。在細部結構方面是以MAX渡邊大前輩的1/20達格拉姆，以及大河原邦男老師的彩稿和達格拉姆初期畫稿等資料為參考，再融入個人原創的詮釋，藉此添加裝甲分割線、檢修艙蓋、肋梁結構、吊鉤扣具、鉚釘等結構而成。另外，在舊化方面基本上是運用多層次色階變化風格技法來凸顯立體感，更將這是把全高9.6m的實物縮尺為1/72比例一事放在心上，進而細膩地添加掉漆痕跡等表現。

### ■塗裝流程
底漆補土→矽膠脫膜劑（僅限外裝零件）→塗裝各顏色→消光透明漆。
為了做出掉漆痕跡，因此是先噴塗底色

（兼底漆補土）再進行塗裝。灰色的底色用底漆補土為白底漆補土＋灰色底漆補土少許；深藍色的底色用底漆補土為灰底漆補土＋機械部位用淺色底漆補土少許，並且配合塗裝的明度來調整底漆補土本身明度而成。附帶一提，紅色部位的底色是採用銀色和淺槍鐵色。

### ■髒汙塗裝＆流程
水洗（清洗）、入墨線、垂流痕跡＝Mr.舊化漆的鏽棕色、地棕色。
頂面等處的塵埃、鉚釘的凹處等地方＝Mr.舊化漆的白塵色。
鏽＝Mr.舊化漆的鏽橙色；gaia琺瑯漆的黃鏽色、紅鏽色。
腳邊的沙與乾燥土漬＝筆塗Mr.舊化膏的泥白色，噴塗TAMIYA壓克力水性漆的沙漠黃。
掉漆痕跡＝基本的掉漆痕跡是用TAMIYA琺瑯漆的消光白來描繪。某些地方也有用灰色與白色

鋼彈麥克筆、擬真質感麥克筆灰色1和2等暗色系進一步描繪出所謂的雙重掉漆痕跡。
遭線性砲擊中的戰損痕跡＝肩甲和右臂裝甲事先用線香燒灼出中彈痕跡。接著將中彈痕跡塗成銀色，然後添加生鏽痕跡。周圍再使用用棉花棒抹上TAMIYA舊化大師的煤灰色來添加煤灰類汙漬。

### ■後記
為了向設計出這架機體的大河原邦男老師，以及推出這款超精湛傑作立體套件的Max Factory公司表達敬意，我這次可是賭上了身為職業模型師的尊嚴卯足全力來製作呢！

更井廣志
以在第2屆我的薩克選拔賽中獲得亞軍為契機出道。是一位在2021年時已出道達18年的資深職業模型師。向來擅長施加細膩的舊化。

# In the land of the Deroyer

在德洛伊亞的
大地上

經由赫克爾之手施加強化後，達格拉姆回到了克林的身邊。隨著配備渦輪背包和線性加農砲，達格拉姆的運作時間和攻擊力都獲得了大幅提昇。太陽之牙一行人與J·洛克率領的「德洛伊亞之星」會合後，為了救出遭聯邦軍囚禁的薩瑪林博士，因此擬定了進攻巴拉夫軍人監獄的作戰行動。

## In the land of the Deroyer ▼

### 以包裝盒畫稿為藍本
### 來製作情景模型

達格拉姆 升級ver.的第2件範例，正是以天神英貴老師筆下本套件包裝盒畫稿為藍本的情景模型。除了達格拉姆之外，還動用到布羅姆利 伊凡DT2和布羅姆利 JRS 天才舞者。藉此把出擊前的一景給擷取下來。擔綱製作者為包含HOBBY JAPAN 月刊等書籍在內，首次經手達格拉姆題材的科吉馬大隊長，他使出渾身解數製作出了這件既小巧又洋溢著十足魅力的情景模型。

◀這就是作為本情景模型參考藍本的天神英貴老師筆下包裝盒畫稿。除了太陽之牙的成員之外，還有J．洛克率領的德洛伊亞之星、達格拉姆、布羅姆利 伊凡DT2、布羅姆利 JRS 天才舞者，以及哈斯提，可說是幅演員陣容眾多，充滿看頭的畫稿。

藉應製作範例 轟COMBAT ARMORS MAX發揮100倍樂趣的方法

▲布羅姆利 伊凡DT2
利用黃銅線和蝕刻片
零件在車身各部位艙
門上追加了把手和合
葉結構。還經由施加
多層次色階變化風格
塗裝讓簡潔的造型能
顯得更具立體感。

▲地面是先用保麗龍做出基礎，再用熱
風槍稍微融掉表面來填補縫隙，接著
塗佈石膏和灑上 MORIN 製造景沙和瓦
礫，然後用噴筆來塗裝皮革色和消光甲
板色以凸顯出光芒照射下的陰影，藉此
營造出日曬強烈的德洛伊亞行星形象。

# In the land of the Deroyer

MAX FACTORY 1/72 scale plastic kit "COMBAT ARMORS MAX"
COMBAT ARMOR DOUGRAM UPDATE VERSION
& BROMRY I-VAN DT2
& BROMRY JRS NATIVE DANCER use
modeled&described by KOJIMA DAITAICHO

▶在設置達格拉姆、羅姆利 搭檔DT2、布羅姆利 JRS 天才舞者時有刻意營造出高低落差，藉此讓整件作品能顯得更有深度。拿主要角度（P.20～21）與下方照片相較後，應該能看出其效果才是。作品整體尺寸約為長35.7cm×寬33cm×高29cm。台座的木框是將椴木膠合板塗裝成油鏽色而成。儘管設置了相對地較大的布羅姆利 伊凡DT2，整體尺寸實際上卻做得頗為小巧。

使用Max Factory 1/72比例 塑膠套件
"COMBAT ARMORS MAX"
戰鬥裝甲 達格拉姆 升級ver.
＆布羅姆利 伊凡DT2
＆布羅姆利 JRS 天才舞者

**在德洛伊亞的大地上**

製作・文／コジマ大隊長

透過製作記實，實COMBAT ARMORS MAX營造100倍樂趣的方法

▲天才舞者只使用了飛彈裝備型。雖然基本上幾乎都維持套件原樣，但只有後側天線使用黃銅線搭配塑膠材料重製得大一點。

▲J．洛克和德洛伊亞之星成員都仔細地施加了分色塗裝。其中一名成員還從拿著步槍的模樣修改了姿勢。

這次我要利用COMBAT ARMORS MAX 22戰鬥裝甲 達格拉姆 升級ver.搭配同比例的布羅姆利 伊凡DT2和布羅姆利 JRS 天才舞者來製作情景模型，藉此重現天神英貴老師筆下充滿魄力的包裝盒畫稿。若是各位能從中感受到德洛伊亞乾涸的灼熱大地，那將會是我的榮幸。

■達格拉姆

首先是要讓達格拉姆 升級ver.擺出高跪姿搭配手扶線性加農砲的經典姿勢，這樣一來勢必得對下半身進行改造，確保能擺出這個姿勢。話雖如此，其實只要把大腿背面和小腿肚的開口部位給擴大，讓膝蓋彎曲的幅度能更大一點，即可確保夠充分的可動範圍了。況且在

完成後就很難看到該處，因此對切削面進行最低限度的處理就好，可說是相當輕鬆的改造。另外，進一步為膝蓋和腳底鑽挖出用來靠著1mm黃銅線打椿固定在台座上的孔洞後，擺設起來就會更加穩固妥當了！

大家在觀賞機器人類作品時，通常會將視線集中在頭部一帶，因此我覺得應該要為該處稍微增添一些視覺資訊量才對。具體來說就是為肩甲設置增裝裝甲，以及修改胸部的均衡感。儘管胸部這裡是出自個人喜好，但隨著凸顯出兩側與中間的高低落差之後，亦進一步營造出了壯碩感。這方面是用AB補土搭配塑膠板來謹慎地修改角度，並且保留原有套件的散熱

口，藉此作為調整左右兩側時的模板使用。

由於膝裝甲內側在擺出前述姿勢時會整個暴露在外，因此用設有細部結構的塑膠板覆蓋住該處等手法加以修飾。這類完成之後會讓人在意的地方都得仔細地處理過才行喔。

由於達格拉姆的特徵並非臉孔而是座艙罩，因此要對這個部分進行徹底的研磨，然後用研磨劑拋光，確保零件上不會留有任何霧狀痕跡。克林和赫克爾的模型亦用溫莎牛頓牌00號仔細地施加了分色塗裝。

■車輛

由於並不打算將布羅姆利 伊凡DT2做成展開渦輪背包支架的模樣，因此整體僅簡潔地組

洛基和凱娜莉也仔細地施加了分色塗裝。洛基和凱娜莉是坐在布羅姆利 伊凡DT2 駕駛座上，凱娜莉則是站在旁邊。

◀▼為了讓達格拉姆能擺出高跪姿，因此將大腿與膝關節之間的開口削得更大，以便確保活動空間。胸部基於作者個人喜好將兩側與中間的高低落差用AB補土搭配塑膠板修改了角度，藉此給人更為壯碩的印象。至於肩甲和腰部中央區塊則是透過黏貼塑膠材料加大了分量。

場景製作記實 讓COMBAT ARMORS MAX裝甲100倍業餘的方法

裝起來，相對地則是利用黃銅線和蝕刻片零件為車身各處艙門追加了把手和合葉結構。藉此營造出宛如真實車輛的氣氛。為了避免讓寬廣的平面顯得過於單調，於是施加了很誇張的多層次色階變化風格塗裝，藉此凸顯出深淺有別的視覺觀感。

布羅姆利 JRS 天才舞者本身是兩輛一組的套件，但這次僅簡潔地製作了4個人物模型和飛彈裝備型的車身。這方面只有天線用黃銅線搭配塑膠材料重製得更具銳利感。

**■情景模型地台**

那麼，接下來就是規劃如何把前述模型全部設置在情景模型地台上了，老實說可供運用的深度較淺，因此只好花功夫在設法疊高和調整角度上，讓整體看起來能有那麼一回事。將布羅姆利DT2設置在較高一階的地方後，從照片中可知，確實有營造出應有的效果。儘管照理來說，這種配置方式就算把尺寸做得更小一號應該也行，但這次考量到攝影時的背景需求，於是選擇製作成了充裕一點的尺寸。

基本上是用保麗龍做出地台的基礎，再透過設置土地和岩塊讓地表能有所變化，進而表現出德洛伊亞行星的環境，不曉得各位覺得如何呢？由於使用保麗龍來製作的話，很容易產生細微的氣泡，因此使用熱風槍來稍微融解表面，再塗佈為TOMIX製石膏加入樹脂白膠和水

性塗料著色而成的材料，接著灑上MORIN製造景沙和瓦礫來黏合固定在表面，然後用噴筆來塗裝皮革色和消光甲板色以凸顯出光芒照射下的陰影，藉此營造出日曬強烈的環境。最後是添加出自miniNatur等廠商，就算在荒野也能生長的植物和草粉，這樣一來就大功告成了。

若是還有餘力的話，其實我還想追加哈斯提和被擊毀的螃蟹砲手等機體……在這種貪心的妄想下，我這次製作得很開心喔（笑）。

**コジマ大隊長**
精通半自製、細部修飾，以及舊化塗裝等各式手法的資深職業模型師。

# 在燃燒殆盡之後

「鋼鐵的手臂已垂下，鋼鐵的腿部失去了力量，

被堵住的砲口再也無法噴出火焰。

野狼已死，猛獅已亡。

然而在沙漠中曝曬於太陽下的巨人確信，

年輕人們今天依舊活著，年輕人們今天依舊向前奔跑著。

巨人聽得到年輕人們的聲音。

在橫渡沙漠吹來的風中，巨人確實聽到了。」

（出處：最後一集「在燃燒殆盡之後」）

## 將達格拉姆 升級 ver.
## 改造為腐朽的達格拉姆

　一提到「太陽之牙達格拉姆」，想必許多玩家都
會立刻聯想到腐朽的達格拉姆吧。這幅出現在第1集
「光之戰士」與最後一集「在燃燒殆盡之後」的達格
拉姆圖像，正是本作最具象徵性的視覺圖。這件作為
本書封面主圖的情景模型，同樣是利用2021年2月
發售的「戰鬥裝甲 達格拉姆 升級 ver.」製作而成。
為了能重現癱坐在地上的姿勢，因此對各部位都施加
了改造，並且放置在製作成沙漠環境的地台上。

使用 Max Factory 1/72比例 塑膠套件
"COMBAT ARMORS MAX"
戰鬥裝甲 達格拉姆 升級 ver.
情景模型製作・文／角田勝成

◀這是電影版「紀實檔案 太陽之牙達格拉姆」的宣傳海報視覺圖（畫／大河原邦男）。當年有無數達格拉姆模型迷都曾想挑戰把這張圖製作成情景模型。

▼達格拉姆癱坐在有著些許高低起伏的沙漠台座上。這件情景模型的尺寸約為長29.7cm×寬21cm×高19cm。達格拉姆可說是恰到好處地設置在這個Ａ４尺寸的地台上。

▲雖然臂裝線性砲的位置與電影版宣傳海報中不同，但評估過燒毀時的狀況之後，還是決定設置在離原本裝設的右臂近一點之處。

MAX FACTORY
1/72 scale plastic kit
"COMBAT ARMORS MAX"
COMBAT ARMOR DOUGRAM
UPDATE VERSION use

# After burning out

the diorama built&described by
Katsunari KAKUTA

## 為了擺出癱坐姿勢而進行的加工 1

◀▲ 將頭部駕駛艙裡頭的左右兩側用塑膠材料添加細部修飾。天線換成了黃銅線，飛彈英艙則是把彈頭結構都挖掉，藉此製作成彈藥已耗盡的狀態。

◀ 為了做出大幅度前屈的動作，因此將腹部零件強行黏合固定成く字形。與下半身的銜接面則是透過黏貼塑膠板來調整角度。

◀ 將前裙甲會卡住大腿的地方削掉。為了確保能穩定地擺成癱坐姿勢，因此腰部區塊的臀部一帶也藉由黏貼塑膠板來延長。

## 製作地台

▼ 在 A4 尺寸木製相框上設置用保麗龍做出了大致地形的地台，再塗佈 Premier 牌石粉黏土來製作出地面。

▼ 接著是塗佈石膏來製作出沙地……

▼ 這細小石頭取自 MILLION 牌園藝用肥料，並且用加水稀釋的樹脂白膠黏合固定在地面上。

❶

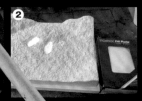
❷

❸

## 為了擺出癱坐姿勢而進行的加工 2

▶ 將大腿從中分割開來，並且用約 3mm 的塑膠板延長。

▶ 為了讓膝蓋能做到大幅度彎曲的動作，因此將小腿肚削出能容納膝關節的開口。

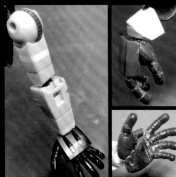

▲ 為了讓左臂能擺出撐在地面上的動作，因此將上臂和前臂各自延長了約 3mm。左右手掌也都經由切削調整將造型製作得更生動。右手腕還藉由追加用塑膠板做的墊片來修改角度。

▲ 在進行過幾乎遍佈全身的大幅度改造後，總算能呈現出與動畫中相近的癱坐姿勢了。

## 戰損痕跡

◀用電雕刀為模型的各個部位添加嚴重的戰損痕跡。

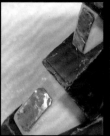

▲將肩甲處▽標誌用塑膠板製作成凸起狀，這樣一來就算只施加單色塗裝也能看得相當清楚。

▲為了重現扭曲翹起的裝甲，因此用釣具中的板形配重物製作出來。

表面呈現因生鏽而凹凸不平的模樣。◀在塗裝前用稀釋補土拍塗表面，藉此讓

## 塗裝

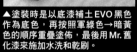

▲塗裝時是以底漆補土EVO黑色作為底色，再按照軍綠色→暗黃色的順序重疊塗佈，最後用Mr.舊化漆來施加水洗和乾刷。

在SUNRISE的各式擬真機器人動畫中，全75集的「太陽之牙達格拉姆」可說是頂尖之作。若是問到「在這部動畫的諸多名場面裡，最令您印象深刻的是哪個場面呢？」，那大概會有許多人選擇「腐朽的達格拉姆」。儘管只在動畫主篇的第1集開頭和最後一集結尾出現，但實在是太過經典。在受到兩顆太陽曝曬的沙漠中，只見達格拉姆垂頭癱坐在那裡。那是一架顯然擱置了許多年，渾身都是鏽的機體。至今為止可還有其他這麼令人感到震撼的機器人作品嗎？當年的我還是一介學生，在最喜歡的「達格拉姆」要播出最後一集時，我不僅特地將錄音機放在電視前錄音，而且後來更是邊看邊哭，這件往事我直到現在仍歷歷在目。

只要是身為達格拉姆迷的模型玩家，肯定都曾想要挑戰看看還原這個「腐朽的達格拉姆」吧。我在當年首播時也曾動手改造塑膠模型，

試著重現這個場面，可是……做起來真的很難啊。那時我一直沒辦法順利重現這個垂頭癱坐在地的無力感。在那之後，我便將這個念頭封存在內心深處。隨著時光匆匆流逝數十年後，這次一聽說「HJ科幻模型範例精選集」打算推出「達格拉姆」特輯，我便立刻請纓製作「腐朽的達拉姆」。為了不讓無數的達格拉姆迷失望，我這次可是投注了無比的熱情來製作。

### ■製作

我親自嘗試擺過好幾次動作後，總算掌握住該如何表現出那種垂頭癱坐在地的無力感。也為此對幾乎所有零件都施加了改造。

首先是將頭部駕駛艙裡頭用塑膠材料添加細部修飾，天線也換成了黃銅線，還將飛彈莢艙修改成彈藥已耗盡的狀態。身體亦修改為彎曲的ㄑ字形。裙甲部位也持續削挖調整到能夠接受的狀態。手臂不僅用塑膠板延長，更把手

掌造型修改得更為生動。大腿部位亦同樣用塑膠板延長。另外，還在小腿肚上削挖出了一個大開口，以便讓膝蓋能夠大幅度地彎曲。為了重現扭曲翹起的裝甲，於是用釣具中的板形配重物製作出來。各部位甚至還用電雕刀削挖出戰損痕跡。最後是用稀釋補土拍塗機身整體的表面，藉此呈現因生鏽而凹凸不平的模樣。等施加過基本塗裝後，便用Mr.舊化漆添加汙漬。

地台是按照慣例先用保麗龍做出基礎，並且記得調整出高低落差，以免淪於單調。然後經由塗佈石膏來做出沙漠環境。

各位覺得成果如何呢，如果您覺得和經典場面確實有些相似的話，那將會是我的榮幸。

### 角田勝成
擅長角色機體、怪獸等題材製作情景模型的資深職業情景模型師。擅長擷取出任誰都看得懂的情景架構。

MAX FACTORY 1/72 scale plastic kit
"COMBAT ARMORS MAX"

# SOLTIC H8 ROUNDFACER

modeled&described by NAOKI

## 藉由針對重點修改體型
## 給人更為精緻的印象

索爾提克 H8 圓臉為聯邦軍的主力 CB 裝甲。由於不僅是主角
克林在故事開頭駕駛過的機種，還有著充滿量產機風格的硬派配色
和整體造型，因此在玩家們之間深受支持喜愛。雖然這是此系列第
2 款推出的初期套件，但整體造型可說是相當不錯。範例中除了經
由縮減上半身尺寸和延長靴子部位等方式來調整體型之外，還透過
修改股關節讓腿部可以張開的幅度能夠更大。

Max Factory 1/72比例 塑膠套件
"COMBAT ARMORS MAX"

# 索爾提克H8
# 圓臉

製作・文／NAOKI

## | COLORING DATA

主體卡其色＝※將透過NAZCA品牌推出
的塗料
主體白＝暖淺灰（NAZCA）＋
Ex-黑（gaianotes）
紅＝火焰紅（NAZCA）＋
Ex-黑（gaianotes）
灰1＝機械部位用深色底漆補土
（NAZCA）
灰2＝紫灰色（gaianotes）

模型製作筆記克 讀COMBAT ARMORS MAX發揮100倍樂趣的方法

MAX FACTORY 1/72 scale plastic kit
"COMBAT ARMORS MAX"

# SOLTIC H8
# ROUNDFACER

modeled&described by NAOKI

蓄積製作經驗 讓 COMBAT ARMORS MAX 發揮 100 倍樂趣的方法

◀與達格拉姆（製作／更井廣志）合照，範例中修改了股關節部位，藉此表現出更為穩重的站姿。

FRONT VIEW

SIDE VIEW

▼頭部基本上維持套件原樣，僅將天線改用0.3㎜黃銅線搭配彈簧管重製。

REAR VIEW

▶豪邁地將股關節區塊會卡住大腿的部分給削掉，如此一來即可擺出張開幅度更大的外八字站姿

▲將腹部區塊上側零件的頂部給削短，並且把球形軸棒也配合削短，藉此讓身體能顯得短一點。

　　配合這次的達格拉姆特輯，我要擔綱製作COMBAT ARMORS MAX系列的圓臉。由於它算是該系列初期的套件了，因此以現今的眼光來看，確實有些顯得不夠精緻的部分，但整體其實設計得相當易於製作，就算要多做幾架也不會膩。畢竟量產機就是該多湊幾架才對呢！

　　這次在發揮套件本身的素質之餘，為了凸顯出屬於圓臉給人的印象，因此也盡可能地對各部位施加修改。那麼接下來就是針對各部位進行說明。

■頭部

　　頭部本身設計得相當不錯，看起來十分帥氣。因此幾乎是直接製作完成。只有天線改用

0.3㎜黃銅線搭配彈簧管重製。

■臂部

　　由於肩部側面裝甲板在構造上是垂直連接著的，沒辦法像設定圖稿中一樣讓這一帶呈現八字形的輪廓，因此便將肩部側面削掉一角，將該處重製成斜面狀。這種修改方式的靈感來自HI-METAL R版圓臉，況且相較於各個部位的形狀，我個人向來較重視整體的輪廓，所以儘管這樣做會讓肩部正面不再是正方形，卻相對地能讓整體輪廓更貼近理想中的樣貌，我也就不計較那些小事了。

■身體

　　相較於設定圖稿，身體給人稍微長了一點

的感覺。剛好腹部上半節顯得長了點，於是就將該處削短，同時也將連接軸棒一併削短，藉此讓腹部上下半節的長度能和設定中一樣大致相仿。

　　再來是股關節一帶，這裡或許可說是本範例的關鍵所在。就算想要讓腿部張開成設定圖稿中的外八字站姿，但股關節區塊的後半側會卡住大腿，導致無法順利做到。於是乾脆像製作途中照片裡一樣，將會卡住的股關節區塊後側整個削掉。所幸為了讓股關節軸棒本身可以轉動，該零件是設計成與上方那個軟膠零件連接在一起的，因此幾乎不會對強度造成多少影響。這樣一來即可像本範例一樣，擺出強而有

▲與套件素組狀態（照片左方※已經過塗裝）比較。由照片中可知，將肩部外側削成斜面、縮短腹部，以及將腳掌延長後，整體的均衡感也有了些許改變。

◀▲將肩部區塊的外側削出斜面，再用塑膠板填補缺口，藉此修改該處的形狀。連接肩甲用的球形關節則是先暫且分割開來，等肩部區塊修整完畢後再重新黏合固定。

▲將膝裝甲的左右兩側用補土增添分量。由於膝關節原本為夾組式的構造，因此在連接卡榫用的組裝槽上削出缺口，讓膝關節能分件組裝。至於腳掌則是在將腳背墊高之餘，亦增添了該處的分量，而且也一併將踝關節骨架予以延長。

讓COMBAT ARMORS MAX發揮100倍樂趣的方法

力的外八字站姿了。這個修改方式相當簡單，請各位務必要親自試看看喔。

### ■腿部

不僅是這架圓臉，以大河原老師所設計的機器人來說，腿部造型在設計上的關鍵，其實就在於「腳背長度（高度）」和「小腿長度」之間的均衡性。在近年來根據大河原老師筆下設計所推出的立體商品中，我個人認為普遍有著小腿高度不足的問題（這可能是遷就於可動範圍和軸棒位置才不得不如此設計的）。這款圓臉也不例外，因此修改了腳背零件的縱向長度，亦配合將踝關節給延長。另外，為了讓腳背與小腿能取得均衡，於是也加大了膝裝甲的尺

寸。就算只按照前述的方式修改腿部，應該也能讓整體更具「圓臉」給人的印象才是。

另外，儘管遷就於腿部的均衡感，膝關節採用了夾組於大腿零件之間的設計，但如同製作途中照片，只要將用來固定這兩者的組裝槽削出缺口，膝關節即可分件組裝。這部分操作並不難，請各位務必要親自嘗試看看。

### ■塗裝

完成基本塗裝和黏貼水貼紙後，先用消光透明漆噴塗覆蓋整體，接著用Mr.舊化漆為整體施加水洗，然後再度用消光透明漆噴塗覆蓋整體，最後則是用粉彩和琺瑯漆添加舊化與掉漆痕跡。我最近偏愛使用AmmO製模型質感粉末

的槍鐵色。只要將它用漆筆沾取來塗佈，即可營造出金屬感，而且進一步用棉花棒之類物品來摩擦稜邊等部位後，更是能散發出具有鈍重感的光澤，可說是相當不錯的點綴呢。

基本色塗料選用了即將透過NAZCA品牌推出的卡其色。話說回來，COMBAT ARMORS MAX系列的商品陣容竟然如此豐富，真是令人意想不到。今後我應該也會繼續製作這個系列的套件，也很期待能推出比例更大的套件！

**NAOKI**
在機械設計、造形、造型監製等各式各樣領域都有著活躍表現的全能創作家。

# SOLTIC H8 ROUND REINFORCED PACK MOUNTED TYPE

## 將衍生版套件
## 製作成原創風格來玩1

　　接下來的這兩件作品都是源自戰鬥裝甲衍生發展型。首先要介紹用圓臉強化型背包裝著型製作的範例。套件本身幾乎未經任何改造，僅藉由追加原創武裝，以及施加沙褐色的原創塗裝來呈現。另一架則是為一般的圓臉施加迷彩塗裝而成。不僅如此，還製作了叢林風格的地台，並且將這兩架圓臉擺在上面當作情景模型來欣賞。

Max Factory 1/72比例 塑膠套件
"COMBAT ARMORS MAX"

**索爾提克H8 圓臉**
**強化型背包裝著型**
製作·文／澤武慎一郎

# FACER

## SOLTIC H8 ROUNDFACER REINFORCED PACK MOUNTED TYPE ▽

MAX FACTORY 1/72 scale plastic kit
"COMBAT ARMORS MAX"
modeled&described by
Shinichiro SAWATAKE

▲範例中不僅製作了2架圓臉，還準備了可供隨意搭配的情景模型地台。台座是拿在百圓商店買的相框作為基礎，並且用Fando牌石粉黏土等材料做出地台部位。如同遺跡的石壁在建構世界觀上派上了不少用場。這件情景模型的整體尺寸約為長26㎝×寬20㎝×高20㎝。石壁與機動戰鬥車是設置在對角線上，藉此在其實並不算大的地台上有效地設置CB裝甲。

▶這是從與人類視線同高處拍攝的照片。能充分感受到騎機車的士兵、機動戰鬥車，以及CB裝甲之間的大小對比，可說是能一眼體會到CB裝甲這種約10m高兵器究竟有多大的構圖。

037

▲樹木是拿數種鐵道模型用的產品來呈現。這部分還用噴筆施加了塗裝來整合色調，藉此讓樹木與周遭能融為一體。

石壁和地面是先用瓦楞紙板和瓦楞紙做出基礎，再倒上石膏讓它凝固做出的。纏繞在石壁上類似榕樹的樹木是先將Fando牌石粉黏土揉成細條狀，再黏貼上去做出的。

◀▲有著雕刻的石壁是拿電烙鐵來融解珍珠板製作而成。崖壁和地面是先用瓦楞紙板和瓦楞紙做出基礎，再倒上石膏讓它凝固做出的。纏繞在石壁上類似榕樹的樹木是先將Fando牌石粉黏土揉成細條狀，再黏貼上去做出的。

▲二連裝的大口徑大火力砲是用剩餘零件追加瞄準器，並且用塑膠材料追加了供手持用的把手。

▲左臂處增設格林機砲是拿鋼彈模型HG贈獎活動的贈品改造而成。

▲手持式線性砲也用AB補土在槍管上增設了原創的外罩零件。

▲用來扮演因斯提德八輪裝甲車的是AOSHIMA製1/72比例日本陸上自衛隊16式機動戰鬥車。

▲機車也是取自16式機動戰鬥車的配件，並且設置了修改過造型的士兵模型。

◀腿部配備的飛彈莢艙是拿壽屋製M.S.G套件搭配塑膠材料製作而成。

　　儘管索爾提克H8圓臉算是該系列初期的套件，卻也充分地掌握住了CB裝甲在頭部方面會顯得較大的粗獷外形，可說是傑作套件呢。不過初期出貨版本的肩關節很容易鬆脫，只要一擺出讓肩部往前擺動的姿勢就會整個脫落。因此範例中先將肩關節軸的組裝槽用直徑5mm鑽頭挖穿，讓肩關節軸能組裝得更深一點，確保能裝得更穩固，軸棒本身也塗佈了G BOND透明膠PP，這樣一來等透明膠硬化後，就會在軟膠零件的深處和開口部位形成制動塊，使肩關節不會輕易地鬆脫。購買初期出貨版本的玩家請務必比照辦理。現行商品則是已經過改良，肩關節不會再輕易鬆脫了。

　　這次的兩架機體都是直接製作完成。只有強化型背包裝著型針對武裝做了進一步強化。這方面是為腿部增設用壽屋製飛彈莢艙搭配塑膠板做出的武器，連接機構是用塑膠板製作出來的；還拿鋼彈模型HG贈獎活動的贈品為左臂增設了格林機砲，不過這挺武裝當然無法直接裝設上去，於是便製作了連接機構，還用剩餘零件追加設置瞄準器；至於二連裝大火力砲則是增設了瞄準器和供手持用的把手，以及在砲管底面增設框架。

　　一般機是設想成在前線才為迷彩塗裝施加沙褐色斑紋而成的，強化型背包裝著型則是一開始就塗裝成沙褐色的。塗料均是使用Mr.COLOR，綠色是為暗綠色（中島系）加入約20％黃色，灰色處選用灰色FS16440。接著在表面用噴筆塗裝沙褐色。不過只這麼做的話，綠色還是會透出，因此還得用筆塗方式加深迷彩的紋路。再來是用紅棕色為沙褐色迷彩描繪出邊界。強化型背包裝著型的銀色部位為銀色＋消光黑。這部分不僅加入了約15％的消光黑，還為了提高咬合力而加入少許VCOLOR溶劑。其他部位都是沙褐色，僅腹部為德國灰。

　　由於現在已經很難買到因斯提德八輪裝甲車，因此使用AOSHIMA製16式機動戰鬥車代替。塗裝方面僅簡潔地以沙褐色為主，並添加紅棕色迷彩。而機車則僅用沙褐色塗裝。

　　在情景模型地台上設置了用來象徵德洛伊亞前文明的遺產!?這部分是用電烙鐵在珍珠板上融出所需的痕跡。崖壁和地面是先用瓦楞紙板和瓦楞紙做出基礎，再由上往下淋石膏，等做出地形後再灑上數種沙，然後藉由塗佈經過稀釋的樹脂白膠加以固定。樹木是拿數種鐵道模型用的產品來呈現。這部分還用噴筆施加了塗裝來整合色調，藉此讓樹木與周遭能融為一體。纏繞在遺跡上類似榕樹的樹木是先將Fando牌石粉黏土揉成細條狀，再黏貼上去做出的。塗裝時都是選用琺瑯漆，最後還從上方灑下沙粒和彩色造景粉，並且同樣經由塗佈樹脂白膠加以固定，藉此營造長出苔類的模樣。

澤武慎一郎
擅長製作船艦和科幻題材的全能職業模型師。具備設置燈光機構和製作情景模型等廣泛的技術和知識。

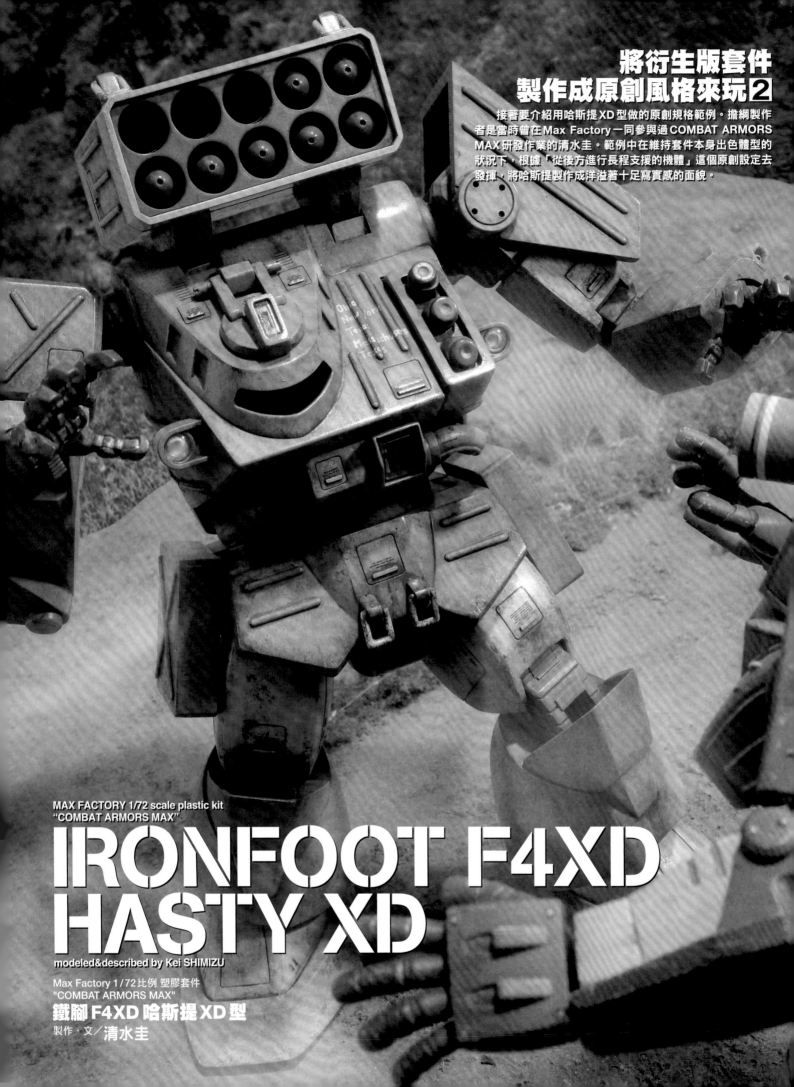

接著要介紹用哈斯提XD型做的原創規格範例。擔綱製作者是當時曾在Max Factory一同參與過COMBAT ARMORS MAX研發作業的清水圭。範例中在維持套件本身出色體型的狀況下，根據「從後方進行長程支援的機體」這個原創設定去發揮，將哈斯提製作成洋溢著十足寫實感的面貌。

MAX FACTORY 1/72 scale plastic kit
"COMBAT ARMORS MAX"

# IRONFOOT F4XD
# HASTY XD

modeled&described by Kei SHIMIZU

Max Factory 1/72 比例 塑膠套件
"COMBAT ARMORS MAX"

**鐵腳 F4XD 哈斯提 XD 型**

製作・文／清水圭

## COLORING DATA

基本線＝Mr.COLOR 303
綠色 FS 34102＋白色少許
基本淺灰＝gaianotes AT-17 白灰色
基本紅＝gaianotes 亮光紅＋白色少許
褪色線＝Mr.COLOR 128 灰綠色
褪色灰＝gaianotes HG-01 六角機牙白
舊化＝gaia 琺瑯漆 51 紅鏽色、
53 煤灰色、54 油汙色、55 塵埃色

▲用塑膠材料為全身各部位追加肋梁結構後，在舊化塗裝的襯托下，各個面的視覺資訊量一舉增加了許多。動力管部位則是將原有的細部結構填滿，藉此製作成套著防塵罩的模樣。

▲飛彈發射器在保留套件原有的設計之餘，亦比照全身各處追加了肋梁結構。頂面還追加了吊掛用的吊鉤扣具。

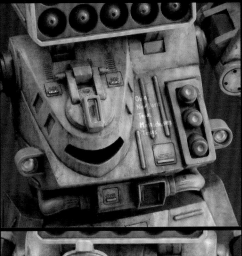

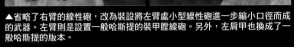

▲胸部頂面也追加了肋梁結構和吊鉤扣具。還添加了手寫標語風格的水貼紙作為點綴。至於駕駛艙蓋則是在面底追加了把手。內部的駕駛員亦仔細地分色塗裝完成。

▲腿部只有將膝裝甲還原成一般哈斯提的版本。腳邊一帶則是用質感粉末等材料施加了重度舊化。

▲省略了右臂的線性砲，改為裝設將左臂處小型線性砲進一步縮小口徑而成的武器。左臂則是設置一般哈斯提的裝甲腔線砲。另外，左肩甲也換成了一般哈斯提的版本。

MAX FACTORY 1/72 scale plastic kit
"COMBAT ARMORS MAX"

# IRONFOOT F4XD
# HASTY XD

modeled&described by Kei SHIMIZU

## 清水圭式舊化塗裝法

◀以NAZCA品牌的深色底漆作為底色。

▲基本色塗裝完畢的狀態。關節部位是直接拿機械部位用參色底漆補土來塗裝的。

◀用噴筆塗裝各部位的基本色後，在基本色表面以平筆留下各褪色用塗料的筆觸，藉此營造塗裝面受損模樣。

▲駕駛員模型用補土追加了禦寒用外套。

▲拿久經使用的漆筆沾取暗灰色TAMIYA琺瑯漆來為整體添加掉漆痕跡。

▲用特製TOPCOAT 光澤噴塗光澤透明漆層，再用TAMIYA 入墨線塗料的暗棕色為整體水洗，最後用棉花棒輕輕擦拭。

▲添加褪色表現、掉漆痕跡，以及透明漆層後的狀態。接著只要再用gaia琺瑯漆和質感粉末施加舊化，就大功告成了。

「哈斯提XD型」為戰鬥裝甲衍生發展型的第3作，最值得一提的是在機體頂部配備了巨大的飛彈發射器，這部分十分引人注目呢。這次就是要從該大型飛彈發射器去設想「並非位於最前線，而是從後方用飛彈進行長程支援的CB裝甲」，並且基於這個旨趣來製作範例。

這款套件是以「哈斯提」原有機型的零件框架＋全新開模零件框架所構成，是一款對玩家來說很貼心的混裝套件，範例中也就打算利用原有機型的零件 來添加一番詮釋。在武裝方面，既然身處後方，那麼需要提防的，應該也就只有步兵和輕車輛之類的對象，於是也就省略了屬於反CB裝甲兵器的線性砲，改為裝設將左臂縮小型線性砲進一步縮小口徑而成的武器。左臂則是設置一般哈斯提的裝甲腔線砲。基於想營造出沿用了零件的想法，因此肩甲和膝裝甲等處換成了原有機型的零件。各艙蓋等

處也都追加了細部結構。另外，我認為哈斯提上半身側面的肋梁顯然是造型特色所在，於是便將套件原有的肋梁結構削掉，改為依據個人喜好的形式重製，而且還為全身各處都設置了這類結構。

**■塗裝**

塗裝NAZCA品牌的機械部用深色底漆補土作為底色後，用噴筆塗裝各部位的基本色。而關節部位等外露處，則是維持深色底漆補土顏色。

接著在基本色表面以平筆留下各褪色用塗料的筆觸，藉此營造出塗裝面受損的模樣。然後拿久經使用的漆筆為整體添加掉漆痕跡。這部分選用的塗料是暗灰色TAMIYA琺瑯漆。

水貼紙沿用自我手邊現有的比例模型。警告標誌主要是取自HASEGAWA製1/72 SR-71的。不知為何，這款套件的水貼紙圖樣設計得

相當便於運用，而且數量還不少呢。

進展至此，先暫且用特製TOPCOAT 光澤進行噴塗覆蓋，讓整體呈現光澤質感。儘管接下來的水洗、舊化等作業會令整體的光澤感變得黯淡，但比起將全身上下整合為消光質感，我還是較為喜歡保留一部分光澤的質感，因此才會插入這道作業。

先用TAMIYA 入墨線塗料的暗棕色為整體施加水洗，再用棉花棒進行擦拭後，基本色和褪色用塗料就會融合成很不錯的感覺。最後則是用gaia琺瑯漆為艙蓋下方與關節部位添加舊化，還有用質感粉末等材料以腳邊為中心添加舊化，這麼一來就大功告成了。

**清水圭**
負責營運「TENGU模型社」等模型展示會。現為RAMPAGE公司成員，經手諸多商品的研發工作。

# Fierce battle, To cross a

第 8 軍在德加灣一戰中吃下歷史
性的敗仗後，為了迎擊打算一舉進攻
北極太空港的解放軍，因此將殘存戰
力集結到有著白銀要塞稱號的卡爾納
克山脈。在高地環境可發揮出高性能
的聯邦軍新型CB裝甲「大腳」，即將
對解放軍及太陽之牙發動猛烈攻勢！

# 激戰·
# 跨越卡爾納

Kalnock

克吧

# SOLTIC HT128 BIG FOOT

MAX FACTORY 1/72 scale plastic kit "COMBAT ARMORS MAX"
SOLTIC HT128 BIG FOOT
modeled&described by
Kei☆TADANO

**FRONT VIEW**

**SIDE VIEW**

**REAR VIEW**

# 為大腳加上
# 雪上用偽裝防寒服

　　大腳乃是聯邦軍為了在卡爾納克山脈與解放軍進行最後決戰所投入的新型CB裝甲。它是在能對應X星雲之餘，亦針對在寒帶環境運用而調整過規格的機體。在故事中於鄰近北極太空港的寒帶地區參與了許多次戰鬥，還幾乎都是以配備雪上用偽裝防寒服的面貌登場。本範例乃是由曾在HOBBY JAPAN月刊上製作過可換裝為圓臉輕裝型的只野☆慶再度挑戰這個類似主題。藉由發揮先前的經驗，熟門熟路地完成了這件可換裝為「睡衣大腳」的範例。

Max Factory 1/72比例 塑膠套件
"COMBAT ARMORS MAX"
## 索爾提克HT128
## 大腳
製作・文／只野☆慶

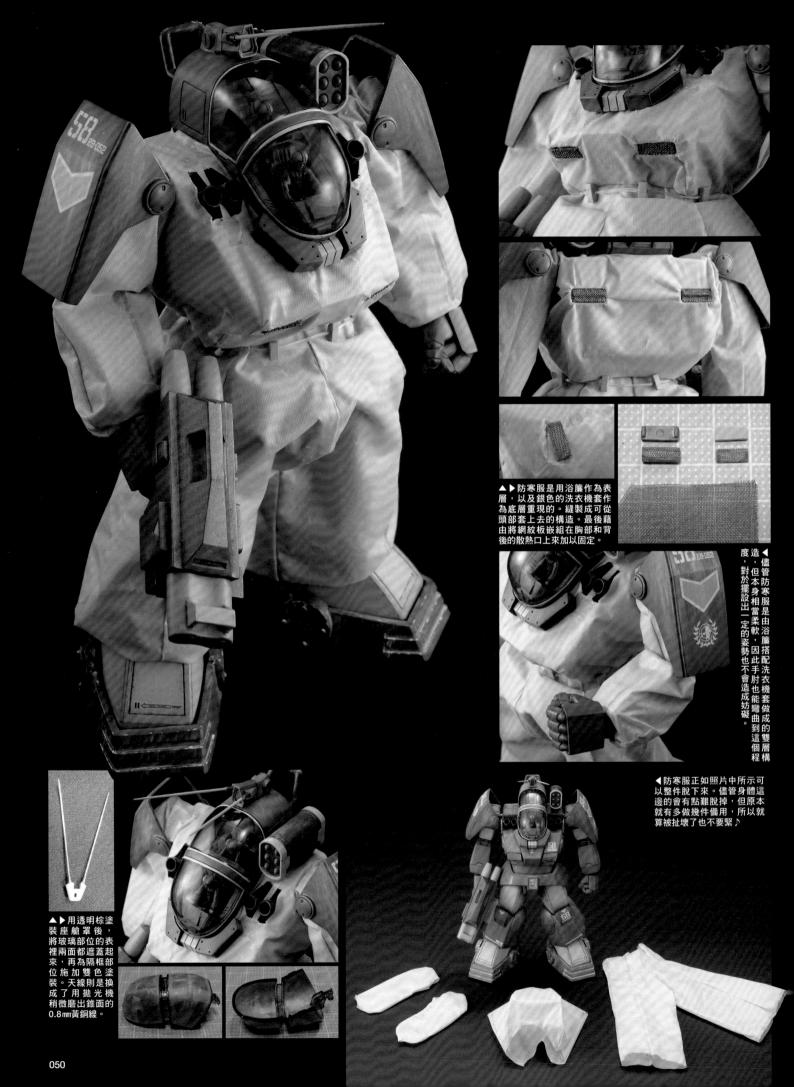

▲▶防寒服是用浴簾作為表層，以及銀色的洗衣機套作為底層重現的。縫製成可從頭部套上去的構造。最後藉由將網紋板嵌組在胸部和背後的散熱口上來加以固定。

◀儘管防寒服是由浴簾搭配洗衣機套做成的雙層構造，但本身相當柔軟，因此手肘也能彎曲到這個程度，對於擺設出一定的姿勢也不會造成妨礙。

◀防寒服正如照片中所示可以整件脫下來。儘管身體這邊的會有點難脫掉，但原本就有多做幾件備用，所以就算被扯壞了也不要緊♪

▲▶用透明棕塗裝座艙罩後，將玻璃部位的表裡兩面都遮蓋起來，再為隔框部位施加雙色塗裝。天線則是換成了用拋光機稍微磨出錐面的0.8mm黃銅線。

# 防寒服的製作方法，以及開睡衣派對的方式

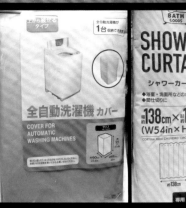

◀作為防寒服基礎的，正是在大創買到的洗衣機套（PEVA樹脂）（左方照片※底層用），以及在連鎖百圓商店Seria買到的浴簾（PEVA樹脂）。之所以買後者是因為大創賣的色調較淺，與防寒服的設定配色較相近所致。

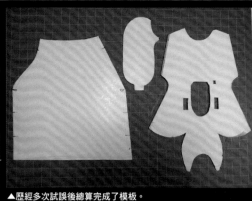

▲採取直接將浴簾材料蓋在主體上的方式反覆進行描繪，藉此畫出模板。

▲歷經多次試誤後總算完成了模板。

▶為電烙鐵製作專用「烙鐵頭」轉接頭。這部分只要拿銅管來拼裝搭配就能順利組裝使用。

▶將浴簾按照模板尺寸裁切完成後，將需要銜接起來的部分用遮蓋膠帶暫時固定住，然後用烙鐵頭抵住該處進行熱熔按壓黏合。

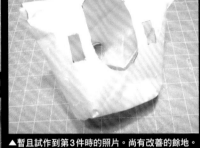

▲暫且試作到第3件時的照片。尚有改善的餘地。

▶讓機體試穿看看。只做一層的話，底下的機體顏色會透出來，因此得另外加個底層才行。

▲為了能以銀色的作為底層，水藍色的作為表層，因此用疊合在一起的方式將模板複寫到洗衣機套材料上。

▲為了能將表層和底層的材料熱熔按壓黏合在一起，因此沿著邊緣黏貼遮蓋膠帶。

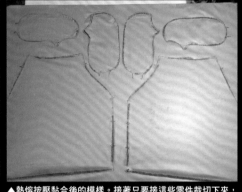

▲熱熔按壓黏合後的模樣。接著只要接這些零件裁切下來，即可縫製成立體的防寒服。

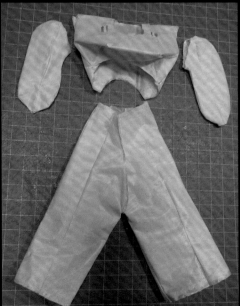

▲陸續將各零件縫製起來後，防寒服就完成了。整件是由上下和左右臂共4個部分所構成的。

▲用經過加熱的烙鐵頭沿著邊緣進行熱熔按壓黏合。要是沒有先貼一層遮蓋膠帶的話，材料可是會被熔解燒穿的。

▲用塑膠板製作了8個供腹部使用的細膠部修飾零件。將它們用0.8公釐的橡膠線串成環狀後，再裝到腹部上。

◀試著套到胸部區塊。先讓座艙罩穿過去，再從肩關節軸逐步套在整個胸部區塊上。

◀用胸部和背部的網紋板嵌組固定住。接下來再裝設天線、飛彈莢艙、嘴部散熱口零件等部位。

▲▶為了讓座艙罩能充分密閉住，因此動用塑膠紙仔細調整周遭的空隙和會造成阻力之處。將天線基座改用彈簧管來固定，以便能配合座艙罩打開而往上掀起。

▲◀將小腿內側下擺用蝕刻片鋸削出楔形缺口，以便將下擺最底部強行往上按壓黏合固定住。這樣一來就能減少該處卡住腳掌的幅度，讓腳底能更易於貼地。

▲▶將股關節區塊內部塞滿取自比例模型的剩餘零件，藉此添加看起來有那麼一回事的細部修飾。

■麻煩請穿上睡衣

　　事情源頭可以追溯到我為 HOBBY JAPAN 月刊 2019 年 10 月號經手了將圓臉輕裝型改造為可動版偽裝服規格的範例吧。我比照動畫先建構出骨架，再套上以布料全新製作的「睡衣」。當時是以 COMBAT ARMORS MAX EX-04 1/72 Scale 索爾提克 H8 圓臉 輕量型選擇式套件作為基礎的。

　　本範例就是以 COMBAT ARMORS MAX 11 1/72 Scale 索爾提克 HT128 大腳作為基礎，而且是以讓它能穿戴「雪上用偽裝防寒服」（也就是睡衣）為目標。基於前一件範例的經驗，只野小弟我要向各位介紹獨創的改造方法。

■套件本身的修改部位

　　就設定圖稿來看，偽裝服的胸部散熱口為網狀結構，但以套件本身的設計來說，想要在輪廓上設置網狀結構會有困難。因此便設想成在該處設置了強化散熱口選配式零件的樣貌。亦即穿上睡衣後，利用在強化散熱口凹處黏貼了黃銅網而成的板形零件來嵌組固定住（背面散熱口也比照辦理）。

　　將天線改用 0.8mm 黃銅線重製，這部分還用拋光機稍微磨出錐面，使前端能顯得更尖，更藉由裝設彈簧管來重現細部結構。由於頭部感測器和飛彈莢艙會妨礙到穿戴睡衣，因此便修改成能夠分件組裝的形式。另外，為了讓座艙罩能充分密閉住，於是動用塑膠紙仔細調整周遭的空隙和會造成阻力之處，確保在閤上後能夠不留縫隙。

　　前臂部位是先組裝好肘關節，再將左右零件黏合起來，然後仔細地進行無縫處理，並且把凸起部位的面打磨出若干角度。槍械是用塑膠板做出較長的前握把，還對左右持拿用手掌進行了微調，確保能穩固地擺出將二連裝線性砲朝向正面舉起的動作。

　　腿部裝甲是將小腿內側的下擺給加工縮短。這方面僅進行了先將下擺用蝕刻片鋸削出楔形缺口，接著強行黏合剩餘下擺，等乾燥後再修整面構成的簡單改造。這樣一來不僅能擴大腳掌的可動範圍，還能讓腳底更易於貼地。基於著重強度的考量，腳掌的紫色部位均全部採用黏合方式固定，然後才對各個面進行修整。

　　雖然股關節區塊有著由肋梁隔開的左右共計 6 個凹槽，但看起來實在單調了些，因此便動用剩餘零件為這裡添加細部修飾。這方面沿用了取自 TAMIYA 製百靈 泰瑞爾 本田 020 的類似懸吊系統零件，以及 AFV 等比例模型的剩餘零件，並且設法搭配出頗有均衡感的模樣。一

▲▶為二連裝線性砲重製較長的前握把。左右持拿用手掌進行了微調，確保能穩固地擺出朝向正面舉起的動作。另外，拿優力膠墊（海綿橡膠墊）片用打孔器做出環形零件，藉此套在手腕上來掩飾該處的軸棒。

▲用塑膠材料將二連裝線性砲的砲管和後側重製得大一點。砲口也用金屬零件做成雙層構造作為細部修飾。

衝擊製作紀實 讓COMBAT ARMORS MAX發揮100倍樂趣的方法

邊幻想該處的機構一邊拼裝，這樣的作業很有意思呢。

### ■好啦，睡衣派對的時間到囉

雖然先前那件範例是拿PEVA樹脂製浴簾來試作的，但也從中獲知就算動用打底劑也沒辦法讓塗料充分咬合在表面上，因此這次便從找尋與「睡衣」設定配色相仿的浴簾著手。「大創賣的藍色調太重了呢～哦！有賣銀色的洗衣機套耶，姑且先買回去吧！→（移動）在Seria找到顏色剛剛好的浴簾囉！→回家」

罩在試組好的套件主體上進行適度剪裁後，接著用遮蓋膠帶把PEVA材料浮貼在套件上反覆進行修剪。據此大致畫出展開圖之後，再進行試作（用電烙鐵進行試作縫製）。

直接用電烙鐵進行熱熔按壓黏合的話，材料會被熔解燒穿，因此改為搭配銅管全新製作

前端的「烙鐵頭」，並且隔著遮蓋膠帶進行熱熔按壓黏合。這樣一來確實加工得很順利呢！讓套件穿上第2件試作品後，發現只用一層材料時，底下顏色透出來的狀況會很嚴重，於是便拿浴簾作為表層，以及用銀色洗衣機套作為底層，藉此製作成雙層構造的形式。

根據第4件試作品描繪出模板，並且進一步反覆試誤後，到了第10件試作品時，模板的圖樣總算定案了！包含備用的2件在內，我一路製作了約13件呢。畢竟在可動性和便於穿脫之間實在很難拿捏，導致很容易弄破，因此最後搞成了像是要辦睡衣派對一樣。

### ■塗裝

儘管基本上是塗裝成一般配色，但在反覆穿脫之後，各部位的稜邊會很容易掉漆，因此便以這個狀況為前提，除了透明零件以外，將

所有零件都用清潔乳劑洗淨，藉此提高底色灰的咬合力。底色是用GX黑白兩色用1：1調出的灰色。基本色是以gaoacolor的指定色為準，但作為主色的藍色實在顯得太輕盈了，於是這部分先噴塗CB01鋼鐵藍，再用CB11紫羅蘭灰隨機噴塗覆蓋。等基本塗裝完成後，接著黏貼水貼紙，再靜置一整天等候乾燥，然後用消光透明漆噴塗覆蓋整體。最後用鋼絲絨和刮刀添加掉漆痕跡，以及用Mr.舊化漆、舊化棒、質感粉末添加在寒帶環境中造成的乾燥汙漬。

只野☆慶
以經手各種造形、設計、製作模型為業。特別擅長40～50歲消費者取向的作品，精通各式造形與塗裝表現，在舊化技法方面亦是一流的。

從礦山警衛隊傻大個
駕駛員在野營的場面
擷取出其中一景製作成
小尺寸情景模型

　　包含太陽之牙在內的一眾游擊隊打算利用礦
山鐵路進入安迪礦山。奉命前往阻止他們的礦山
鐵路警衛隊旗下傻大個部隊儘管一度將達格拉姆
逼入絕境，卻在克林的臨機應變下遭到擊毀。為
了替陣亡的同袍們復仇，因此殘存下來的漢克和
亞倫無視於撤退命令繼續追擊游擊隊。

　　這件範例乃是以TV版第40～41集「戰士的
休息（前篇）」和「戰士的休息（後篇）」為題
材，從矢志復仇的礦山警衛隊成員漢克和亞倫在
野外露營這個場面擷取出其中一景製作成情景模
型。為了能呈現穩穩地坐在地面上的姿勢，因此
傻大個施加過相對應的修改。地面上亦經由裝設
LED燈光機構重現了在動畫裡也很令人印象深
刻的篝火。

使用 Max Factory 1/72 比例 塑膠套件
"COMBAT ARMORS MAX"
阿比提特 T10C 傻大個 X 星雲對應型
情景模型製作・文／まつおーじ（firstAge）

戰士的休息

縮型製作記究 論COMBAT ARMORS MAX強轉 100 倍樂趣的方法

MAX FACTORY
1/72 scale plastic kit
"COMBAT ARMORS MAX"
ABITATE T10C BLOCK HEAD X-NEBULA use

# Soldier's rest

the diorama built&described by
MATSU-O-JI(firstAge)

▲以安迪礦山其中一隅為藍本的地台約
為20㎝見方×高24㎝，屬於較為小巧的
尺寸。在製作上是先用塑膠板把保麗龍
的四周給圍起來，再用從百圓商店買到
的蓬鬆黏土做出凹凸起伏地形，接著用
TAMIYA 情景表現塗料營造出地面，然後
用 KATO、JOEFIX、WOODLAND 等廠
商推出的造景草木來重現綠色植被。

▶篝火是從在百圓商店買到的LED蠟燭取用LED部位來呈現，並且連接到市售的附開關型鈕釦電池盒上。更在LED上堆疊了凝膠劑，藉此透過折射光線來營造出火焰搖曳的效果。柴薪則是用WOODLAND製枯枝套組做出的。兩頂頭盔都是先將套件中附屬駕駛員模型的頭部給分割開來，再將裡頭給挖掉製作而成。

▲這是製作途中的地台。在製作地面之前有先在打算設置篝火的位置塞入塑膠管，藉此確保可供燈光機構用線路穿過的管道。亦是先埋好了WOODLAND製樹木用的根基部位。

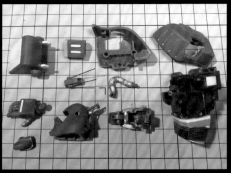

▲將傻大個的天線用黃銅線搭配彈簧管重製,座艙罩也削掉活動用軸棒並加大開口部位。接者還將駕駛艙背面的裝甲分割開來,然後設置登降用的絞車。另外,為了讓腹部能呈現前屈姿勢,因此夾組了用塑膠材料製作的墊片。

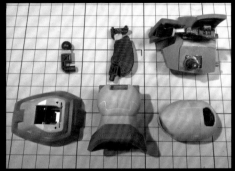

▲修改了裙甲的裝設位置,還將股關節軸的位置往前下方移。大腿和膝關節也用塑膠材料加以延長。這樣一來才能呈現更為自然的坐姿。

▲將大火力砲的砲口用塑膠管製作成雙層構造,並且用塑膠材料追加細部結構。

▲全身各處追加的鉚釘是先將橡膠板墊在0.25mm厚塑膠板底下,再將直徑0.5mm鑽頭反向組裝來打孔做出的。

■期盼已久的……
我終於爭取到了擔綱製作「達格模型」範例的機會。主題是傻大個 X 星雲對應型。一提到傻大個的名場面,應該就屬第40集「戰士的休息」那個場面了不是嗎。我讀國中時看「雙重雜誌」之際最受感動的莫過於那一景。

■雖說是如此……
在考量自己的興趣及現有技術後,我開始擬定作業計畫。首先在最低限度的情景中,必須有漢克和亞倫這兩位主角。漢克設法在篝火和咖啡的氣氛中安撫亞倫,讓他的情緒稍微緩和。而屈膝蹲坐的傻大個隱在樹木陰影後窺視一切,整個景象宛如一幅畫。由於此套件難以在平地擺出屈膝蹲坐姿勢,故地面需設計成傾斜以掩飾上半身姿勢。篝火則以燈光呈現。而森林部分若過於講究,可能難以完成,因此規劃方向就以盡量表現為主。

■開始製作吧!

在傻大個方面,將股關節軸的位置往前下方移,還一併延長了大腿。亦將膝關節延長約10mm。接著是對小腿和小腿肚會彼此卡住的部分,還有腳背進行削磨調整,藉此讓踝關節能往前伸。腹部也經由分割夾組了楔形塑膠材料,使上半身能呈現前屈姿勢。由於動畫中有時是從左肩搭乘,有時又是從右間搭乘的,因此便將登降用絞車設置在頭部後側。肩部止滑板則是藉由黏貼附背膠式600號砂布來呈現。雖然這架機體在動畫是中首次登場,原本應該是乾淨的,但因故事中有從山崖滑落的情節,為還原氣氛,故將全身弄得髒兮兮的。而地台使用塑膠板圍住保麗龍,再用百圓商店的蓬鬆黏土塑造地形,接著用TAMIYA情景表現塗料製作土壤和草地,並灑上KATO繁茂系列造景草及厚厚的JOEFIX草粉完成。樹木取自WOODLAND製完成品樹木,但其葉片顏色單一,於是便讓外側呈現較明亮的綠色,內側則

呈現淺褐色,藉此營造出顏色的漸層變化。篝火是從在百圓商店買到的LED蠟燭取用LED部位來呈現,並且連接到市售的附開關型鈕釦電池盒上。柴薪是用gaiacolor琺瑯漆的煤灰色塗佈在焦黑處,靠近火焰中心一帶改為塗佈Mr.舊化漆的多功能白,使該處看起來像是燒成木炭狀。火焰部位是在LED上堆疊了凝膠劑。這樣一來就算只有單一的LED也能呈現火焰搖曳狀,而且做法還很簡單,相當推薦各位比照辦理喔。若是各位能從中品味到宛如在看著實物的氣息,那將會是我的榮幸……

まつおーじ
想起了以前看著雙重雜誌時,內心懷抱著「希望長大後也能做出一整套這種情景模型」的夢想。如今雖然規模不同,但我的確實現了那個夢想。

# 加西亞隊參戰

## Garcia Corps participates in the war

在馮・施坦因上校交付討伐達格拉姆的任務後，加西亞隊便來到了卡迪諾。然而該部隊不僅行為粗暴，做事更是不擇手段，就連聯邦軍也感到厭惡，簡直就是流氓團體。不過加西亞隊畢竟是擅長反游擊戰的專業傭兵部隊，因此始終緊盯著太陽之牙與達格拉姆不放。

## 運用AFV風格的細部修飾手法與塗裝表現 為多足型CB裝甲增添風采

提到故事中的第一個強敵,那麼當然非傭兵部隊的加西亞隊莫屬。該部隊主力CB裝甲為屬於螃蟹砲手改良型的龍舌蘭砲手。和螃蟹砲手最為顯著的差異,就在於機身兩側有著大幅往外凸出的露臺,該處可供武裝的士兵搭乘,並且在討伐游擊隊時擔綱攻擊人類目標的任務。這件範例乃是由擅長AFV模型的小澤京介擔綱製作。他不僅運用AFV模型的剩餘零件為機身各處添加細部修飾,還施加了多層次色階變化風格塗裝與舊化,力求呈現更具軍武風格的面貌。

Max Factory
1/72比例 塑膠套件
"COMBAT ARMORS MAX"

### 阿比提特F44B 龍舌蘭砲手

製作・文/小澤京介

MAX FACTORY 1/72 scale plastic kit
"COMBAT ARMORS MAX"

# ABITATE F44B TEQUILA GUNNER

modeled&described by Kyosuke OZAWA

▲以包裝盒畫稿為參考，在山崖上設置了加西亞與2條杜賓犬。歐沛則是改為設置到龍舌蘭砲手的露臺上。

◀難得都附屬了加西亞與杜賓犬的模型，也就一併製作了包裝盒畫稿風格的地台。龍舌蘭砲手並未固定在地台上，而是能自由選擇擺設的位置。地台的整體尺寸約為長30㎝×寬19.7㎝×高17㎝。這部分是動畫中的場面為靈感製作成沙漠環境，並且經由堆疊軟木塊來呈現山崖。

用COMBAT ARMORS MAX努力100倍製造的方法

◀與套件素組狀態（照片左方）的比較。由照片中可知，隨著為機身各處添加細部修飾，範例整體的密度感也顯得更高了。

▼藉由貼上塑膠板來遮擋住砲塔側面的收縮凹陷，並且重新打上鉚釘。

▼以戰車為參考，追加了焊接痕跡、頭燈護柵、鉚釘，以及吊鉤扣具等細部結構。

▲將天線換成用加熱拉絲法做出的零件，隨著換成更為細長且柔軟的材質，得以表現出天線受重量影響而下垂的模樣。

◀▲在露臺上設置了取自樹脂套件的1/72比例油桶和汽油罐。沙包不僅設置成自然地堆疊起來的模樣，而且為了讓在上面的油桶能融為一體，因此還用AB補土稍微修改了形狀。包含歐沛在內的士兵模型均維持套件原樣。只有戰車兵修改了姿勢，設置在車長頂塔處。

## ■關於製作

儘管這是一款只要按照說明書的指示去組裝,即可順利地製作完成的好套件,不過若是要進一步施加塗裝之類的作業,那麼就還是得做一定程度的處理才行。

砲管和腿部都有接合線外露,首先就從這部分處理起吧。儘管外露的分模線並不算很多,但還是有好幾處得處理。最為棘手的,應該就屬砲塔側面的收縮凹陷了吧。一般來說應該會用加上墊片的砂紙將該處給磨平,不過要是屬能夠貼上塑膠板的部位,那麼直接貼上塑膠板來遮擋住其實會比較快。砲塔側面的收縮凹陷就是用先貼上塑膠板,再重新打上鉚釘的方式來處理。

改造完主體後,發現應該要再添加些小物品才對。以小物品來說,比例是很重要的,因此便努力調度了樹脂套件的 1/72 比例油桶和汽

油罐來使用。沙包不僅設置成很自然地堆疊起來的模樣,而且為了讓放在上面的油桶能融為一體,因此還用 AB 補土稍微修改了形狀。

由於套件附屬的人物模型製作得極為精良,好到令人難以置信這是 1/72 比例的,因此除了作為戰車兵的以外,其餘的人物模型都維持原有姿勢直接使用。

## ■關於塗裝

儘管說明書中指定主體色為 gaiacolor 的沙漠黃,但這次我是選用達格拉姆專用漆的棕色作為底色,高光部位則是選用可可亞棕。雖然塗裝得像是多層次色階變化風格,不過實際上只是用可可亞棕來塗裝較為明亮的部位,陰影處保留了底色原樣,介於兩者之間的地方則是用棕色+可可亞棕適度調色後,再薄薄地噴塗上去而已。

## ■關於舊化

使用了以 Mr. 舊化漆地棕色、鏽棕色、白塵色為中心的塗料。使用順序是先拿白塵色為整體施加濾化→待稍微乾燥後,拿以專用溶劑稀釋過的地棕色為整體施加濾化。等乾燥後用 vallejo 的鉻銀色來添加掉漆痕跡。這類掉漆痕跡時要以不會做過頭為前提對整體添加才行。生鏽痕跡類舊化則是控制在僅對小物品添加的程度。人物模型是先用噴筆大致塗裝過後,再以筆塗方式為細部上色。等乾燥後便使用 Mr. 舊化漆的地棕色來入墨線。

情景地台方面是以動畫中的場面為參考製作而成。

### 小澤京介

以 AFV 模型領域為中心大顯活躍身手的職業比例模型師。近來也會向軍武風格的角色模型題材挑戰。

# COMBAT ARMOR DM

MAX FACTORY 1/72 scale plastic kit
'COMBAT ARMORS MAX"
COMBAT ARMOR DOUGRAM conversion
COMBAT ARMOR DM
modeled&described by Keita YAGYU

## 運用數位建模方式
## 製作出大河原邦男設計的
## 量產型達格拉姆

　　為特輯用範例擔綱軸子大任的題
材，乃是機械設計師大河原邦男於「雙
重雜誌」第6期（TAKARA（※現為
TAKARATOMY）發行）內連載企劃發表
的達格拉姆衍生機型DM（達姆）。這架機
體是作為達格拉姆的量產型設計而成。由
於當年僅公布了一張斜前方角度的正面畫
稿，因此看不到的部位只能靠著想像來自
行詮釋，以及參考當時刊載在該雜誌上的
範例進行製作。整體更是憑藉柳生圭太向
來擅長的數位建模技法加以完成。

Max Factory 1/72比例 塑膠套件
'COMBAT ARMORS MAX"
戰鬥裝甲 達格拉姆 改造

## 達格拉姆量產型 達姆
製作・文／柳生圭太

### 所謂的達格拉姆量產型DM是？

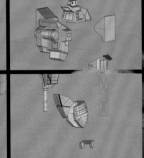

▲DM（達姆）是在「雙重雜誌」第6期的連載
企劃「大河原邦男設計室」中發表，為大河原
老師繪製的達格拉姆量產型機體。在波納爾的
祕密工廠遭突襲時，擔心落到聯邦軍手裡，因
此游擊隊親手燒毀了從設計圖到檔案、試作機
等物品在內的一切資料。據說在德洛伊亞獨立
後有以守衛隊用CB裝甲的形式重新進行設計。

▲全新零件的部分均出自數位建模，這方面是用Rhinoceros這款3D
軟體進行設計，並且運用Phrozen（普羅森科技）發售的shuffle這款
3D列印機進行輸出列印而成。

製造模市配賞　講COMBAT ARMORS MAX發導100億樂趣的方法

▼與達格拉姆（照片左方／更井廣志製作）合照。儘管整體輪廓確實與達格拉姆十分相似，但細部也給人經過簡化的印象。當年就連雙重雜誌也刊載過大河原老師對這架機體的評語「在便於生產的前提下，整體經過簡化」。

▲座艙罩是先用3D列印機輸出列印零件,將零件打磨後再置換為透明樹脂材質的。側面形狀和天線的角度均經過變更。吊鉤扣具也更改為與主體相連的方形簡易版本。頭頂部攝影機同樣是新製零件。駕駛艙只有座席使用了套件原有的零件,前方操作面板的儀表類和操縱桿亦經過重製。胸部是先前後分割開來,以便用夾組塑膠板的方式往前延長2mm。相對地,要將裝設散熱口的面削短2mm,藉此抵銷延長的份。如此加工之後,胸部裝甲頂面的弧線會顯得更加和緩些,比原套件更像是挺起胸膛的模樣,給人更貼近設定圖稿的印象。另外,還將襟領的正面斜向削掉一塊,使該處銜接到頭部的線條看起來更為流暢。

## COLORING DATA

綠＝俄羅斯綠1＋黃橙色＋亮紅色
沙黃＝白色＋黃橙色＋俄羅斯綠1
關節灰＝暗海灰＋RLM75紫羅蘭灰
其他部位灰＝大麥灰BS4800/18821＋
RLM75紫羅蘭灰
座艙罩＝透明黃＋透明綠

▲這是製作途中的全身照。由照片中可知，灰色部位為數位建模零件，胸部則是以AB補土為中心修改過形狀。

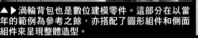

▲▶渦輪背包也是數位建模零件。這部分在以當年的範例為參考之餘，亦搭配了圓形組件和側面組件來呈現整體造型。

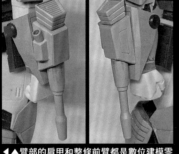

◀▲臂部的肩甲和整條前臂都是數位建模零件。由於原套件給人手臂很長的印象，因此為前臂進行數位建模時將長度縮短了約1mm。另外，還仿效當年的範例將線性砲與渦輪背包之間用橡膠管連接起來。

福座製作記實 讓COMBAT ARMORS MAX發揮100倍樂趣的方法

---

這次我要擔綱製作達格拉姆量產型DM。這個名字是源自DOUGRAM type Mass-production model的縮寫簡稱……

胸部一帶的改造請見製作途中照片與圖說，不過這些作業不僅適用於製作DM，在做一般達格拉姆時應該也能發揮十足的效果才是。散熱口本身則是在套件原有零件的紋路上下兩側各新刻一道線條。

腹部和胸部側面都用AB補土修改了形狀。這部分是用鋸子將各部位分割開來，以便修正形狀，這樣做在進行表面處理和塗裝時也會輕鬆許多。由於側裙甲的細部結構有所不同，因此先將原有的紋路填平，再為表面貼上事先削挖出X字形缺口的0.3mm塑膠板。

在臂部方面，將肩甲下緣的轉折處經由堆疊補土來修改形狀。用來固定肩甲的前後兩側圓形組件是以原有零件為基礎，加裝了新製作的方形外罩零件。由於想在臂部裝甲上追加刻

線會很費事，因此乾脆整個都用數位建模來呈現。考量到前臂有著宛如肌肉班隆起的造型（相當於肱橈肌），於是使用數位建模方式來凸顯該處，並且在上下兩側都鑽挖出3mm孔洞，藉此連接肘關節和手掌。手掌取自RAMPAGE製改造零件「達格拉姆手掌M」。

在腿部方面，將大腿的外裝零件削磨得圓潤些。為了讓膝關節能站成有點類似鳥腿的感覺，因此將會卡住裝甲的地方給削掉。接著還將大腿內部用來連接膝關節的組裝槽下方削出缺口，使膝關節能夠分件組裝。小腿是先將套件原有小腿零件的細部結構都填平，再裝設用數位建模做出的膝裝甲和小腿肚，並且將縫隙用補土填滿。膝裝甲只要腿部一動就很容易脫落，這點實在令人覺得很煩，於是使用金屬線牢靠地打樁固定住。腳掌部位是先將腳跟後方的區塊整個削除，再將該處的缺口用補土填滿，然後裝設新的吊鉤扣具。踝關節上下兩側

可動機構能夠自由活動的幅度都很高，導致難以固定腳踝組件的位置，範例中也就在軟膠零件用的組裝槽內滲入一點瞬間膠，藉此將該處調整得緊一點。

在塗裝配色方面是以雙重雜誌刊載的畫稿為參考。只有將腹部的蛇腹狀關節部位由綠色改為灰色。水貼紙是從套件本身附屬的裁切出適當圖樣來使用。唯有編號類是取自HAL-VAL製傳統編號水貼紙。由於在設定中這是德洛伊亞獨立後的守衛隊用機體，亦即是在戰鬥結束後才部署的，因此將髒汙塗裝控制得內斂些，僅添加了些許塵土類汙漬而已。

若是下次還有達格拉姆特輯的話，我應該也會選擇製作同樣冷門的機體才是！

柳生圭太
合同會社RAMPAGE的代表之一。參與了產品研發和原型製作，有時也會以職業模型師的身分大顯身手。

# COMBAT ARMORS MAX

截至2021年2月發售的「戰鬥裝甲 達格拉姆 升級Ver.」為止,自2014年1月起問世的 COMBAT ARMORS MAX 系列已經推出了22款套件。若是連同EX款商品和已公布的新作一起計算在內,那麼更是多達28款呢。在此就要介紹本系列的商品陣容。

## 01 戰鬥裝甲 達格拉姆
●3619円●2014年1月發售●約13.5cm

手掌零件附有左右握拳狀、握持線性加農砲用左手,以及張開狀左手。座艙罩附有框架已塗裝和未塗裝的版本,還有掀開狀態版本,共計3種。亦附屬了乘坐狀態的克林模型。

## 02 索爾提克 H8 圓臉
●3619円●2014年7月發售●約14cm

座艙罩為框架已塗裝版本。座艙罩可開闔,還附有乘坐狀態的駕駛員模型。附有線性砲,而且為了能擺出用雙手持拿的動作,因此附有專用的左手零件。

## 03 阿比提特 T10B 傻大個
●5556円●2014年10月發售●約17cm

精密地重現了複座型駕駛艙。除了座艙罩以外,頭部前端的探照燈也是用透明零件來呈現。大火力砲也能如同設定掛載在背後。

## 04 索爾提克 H8RF 柯契曼 Spl
●3619円●2014年12月發售●約14cm

附有臂裝式線性砲和渦輪背包。連接臂裝式線性砲和渦輪背包的動力管採用了彈簧管來呈現。

## 05 鐵腳 F4X 哈斯提
●5370円●2015年12月發售●約15cm

座艙罩和各部位探照燈都是以透明零件來呈現。膝關節備有伸縮機構,因此膝蓋能夠大幅度彎曲。

## 06 布羅姆利 JRS 天才舞者 指揮官型&飛彈莢艙型
●3333円●2016年5月發售●約5cm

這是天才舞者的兩輛套組。附有以J.洛克為首的「德洛伊亞之星」成員模型共4個。

## 08 東陸 WE211 犢牛
●4630円●2017年5月發售●約11.5cm

可掛載CB裝甲。附有2個乘坐狀態的駕駛員模型。由於有重現起落架部位,因此也能擺設成停放狀態。

# KIT GUIDE
## MAX FACTORY 1/72 scale plastic kit
### 套件型錄

●發售商／Max Factory●販售商／Good Smile Company●1／72●塑膠套件●附水貼紙
※刊載價格均為日幣未稅價 ※以2021年2月時的資訊為準 ※介紹內容有一部分為活動限定版商品

**07** 索爾提克 H102 叢林人
●4630円●2016年11月發售●約14cm

座艙罩可開闔，附有乘坐狀態的駕駛員模型。亦附有屬於攜帶式武裝的大火力砲和張開狀左手。

**09** 阿比提特 T10C 傻大個 X 星雲對應型
●5556円●2017年3月發售●約17cm

除了駕駛員模型之外，亦附有漢克中士和亞倫下士的模型。

**10** 布羅姆利 伊凡 DT2
●5556円●2017年6月發售●約32cm

可供搭載「戰鬥裝甲 達格拉姆」（另行販售），而且渦輪背包也能收納在機庫裡。附有乘坐狀態的洛基模型，以及呈現站姿的凱娜莉模型。

**11** 索爾提克 HT128 大腳
●6296円●2017年11月發售●約17cm

重現了複座式的駕駛艙。座艙罩的框架為已塗裝狀態，而且可開闔。附有乘坐狀態的駕駛員模型。

**12** 索爾提克 H404S 鯖魚
●5556円●2018年7月發售●約12cm

潛水面鏡為透明零件，可藉此看到駕駛艙內部和乘坐狀態的駕駛員模型。背部的水流噴射推進器可自由裝卸。

**13** 卡巴羅夫 AG9 尼古拉耶夫
●4630円●2019年1月發售●約13cm

形狀複雜的座艙罩框架為已塗裝規格。膝蓋的可動範圍相當廣，甚至足以擺出高跪姿動作。

## 14 戰鬥裝甲 達格拉姆 對空武裝強化型背包裝著型
●4537円●2019年3月發售●約13.5cm

這是CB裝甲衍生套件的首作。座艙罩為框架部位已塗裝的透明棕零件。除了對空武裝強化型背包之外，亦附有渦輪背包、線性加農砲，以及飛彈莢艙。

## 15 阿比提特 F35C 暴風雪砲手
●6389円●2019年7月發售●約10cm

除了4條腿之外，砲塔和機關砲也都可活動。駕駛艙蓋可開闔。還附有2個造型生動的駕駛員模型。

## 16 阿比提特 T10B 傻大個 強化型背包裝著型
●6667円●2019年10月發售●約17.5cm

CB裝甲衍生套件的第2作。強化型背包左右兩側的飛彈莢艙可個別往前傾，臀部和大腿是以成形色為銀色的零件來呈現。還額外附屬了重機關槍（E槍）。

## 17 鐵腳 F4XD 哈斯提 XD型
●6800円●2020年1月發售●約14cm

這是CB裝甲衍生套件的第3作。附有全新開模製作的10連裝飛彈發射器。亦能選擇組裝成一般型的哈斯提。

## 18 索爾提克 H8 圓臉 強化型背包裝著型
●4800円●2020年5月發售●約14cm

這是CB裝甲衍生套件的第4作。2連裝的大口徑大火力砲是以全新開模零件來呈現。還額外附有9連裝型飛彈發射器用零件。

## 19 阿比提特 F44A 螃蟹砲手
●7000円●2020年6月發售●約17cm

腿部的蛇腹狀部位處亦設有關節，因此能重現設定圖稿中的動作。附有3個造型生動的聯邦軍駕駛員模型。

## 20 索爾提克 H102 叢林人 強化型背包裝著型

●5800 円●2020 年 9 月發售●約 14 cm

這是 CB 裝甲衍生套件的第 5 作。座艙罩為框架部位已塗裝的透明棕零件。還附有加西亞隊的軍用邊三輪機車。

## 21 阿比提特 F44B 龍舌蘭砲手

●7800 円●2020 年 10 月發售●約 17 cm

獨特的露臺部位是以全新開模零件來重現。亦附有可隨意設置的沙包。更附屬了加西亞、歐沛，以及 3 名強悍手下的人物模型。

## 22 戰鬥裝甲 達格拉姆 升級 Ver.

●4500 円●2021 年 2 月發售●約 13.5 cm

頭部、大腿、線性加農砲均為全新開模製作的升級版零件。除了附有乘坐狀態的克林模型之外，還附屬了探出身子的克林模型，以及用單膝跪地姿勢靠在一旁的赫克爾模型。

## 23 阿比提特 F44D 沙漠砲手

●8000 円●2021 年 5 月預定●約 14 cm

以本系列最大尺寸推出套件。獨特的腿部是以全開模零件來呈現。附有駕駛著邊三輪機車的菲斯塔模型，以及肩扛 E 槍的契柯模型。

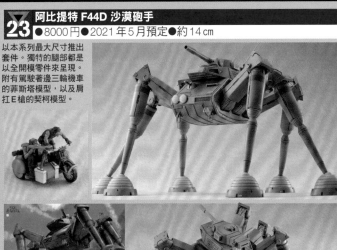

## 24 索爾提克 HT128 大腳 雪上用偽裝 防寒服規格

●6800 円●2021 年 8 月預定●約 17 cm

可呈現大腳或防寒服規格的選擇式套件。除了附有駕駛員模型之外，亦附有勒柯克和德斯坦的人物模型。

## EX-01 索爾提克 H8RF 柯契曼 Spl 24 部隊套組

●12963 円●2014 年 12 月發售●約 14 cm

這是 4 機套組的特別款模型。附有一組 24 部隊的駕駛員模型。

## EX-03 機械設計師 大河原邦男展 Ver.

●3889 円●2016 年 2 月發售●約 14 cm

●展示會場限定販售

## EX-02 戰鬥裝甲 達格拉姆 進階套件

●3889 円●2015 年 5 月發售●約 13.5 cm

附有橫山宏老師編撰的塗裝指南手冊。包裝盒畫稿也是出自橫山宏老師的手筆。

## EX-04 索爾提克 H8 圓臉 輕量型選擇式套件

●3991 円●2018 年 2 月發售●約 14 cm

# 向研發團隊 請教所知的「8」大要點

在本特輯最後準備了與COMBAT ARMORS MAX系列密切相關的8大問題，並且透過電子郵件請身為該系列首要功臣的研發團隊為玩家們解惑。亦一併刊載了寶貴的研發用草稿和資料，還請各位仔細品味。

**1 首先想請教這個系列的研發歷程**

就本系列的整體方向來說，其實一開始就決定好要以重視動畫版設定圖稿和TV動畫裡的形象為前提，而不是詮釋成現今風格。也就是運用現今技術和形式來重製TAKARA當年推出的套件系列。我們可是下定了要成為繼承者的決心呢。受惠於請到在各方面都有活躍表現的機械設計師やまだたかひろ老師參與繪製圖稿，我們在造型和詮釋面上都得以穩定發揮。實在非常感謝他的大力相助呢。

**2 在這個系列草創之初有哪些特別辛苦的地方嗎？**

身為模型玩具廠商，雖然這30年來在PVC成形和上色方面累積了不少經驗，但我們在塑膠套件領域等同於沒有任何研發經驗的新廠商。必須從讓軀體牢牢地住陰模與陽模的概念為何著手才行，因此可說是每天都在對抗這些困難與不便之處呢。

**3 以人物模型和車輛之類作為配件的情況似乎很常見，這方面的用意何在呢？**

會如此安排的主要理由有兩項。第一點是隨著附屬了人物模型，可以讓玩家們更易於想

像CB裝甲的實際大小，以及如何運用之類的場面，會比純粹販售CB裝甲更易於讓人感受到這個系列的世界觀有多遼闊。因此從未本系列打頭陣的首作「達格拉姆」開始，我們便將附屬駕駛員模型列為必要條件。後來進一步讓人意識到附屬駕駛員模型存在的第一款套件，就屬「24部隊套組」了。畢竟那些角色給人的印象很強烈，背景設定也很豐富。再來就是「天才舞者」附屬的J・洛克與隊友，以及「傻大個X星雲型應型」附屬的漢克和亞倫了。隨著讓這幾款商品附屬人物模型作為襯托，讓CB裝甲的魅力能夠倍增，這正是目的所在。例如配合本特輯製作的「戰士的休息」這件情景模型，正可說是我們最想要看到的成果呢。

第二點則是我們希望為CB裝甲衍生套件賦予一些附加價值，藉此向支持這個系列的玩家們表達感激之意，因此才會在強化背包系列等套件中規劃額外零件或車輛之類的配件。即便外形差異有點大，但「龍舌蘭砲手」和「沙漠砲手」終究是「螃蟹砲手」的衍生套件，那麼就非得規劃些什麼作為配件不可。後來也就按照動畫中最令人印象深刻的部分來規劃配件，於是也就成了各位所知的規格囉。因此「沙漠砲手」的套件內容甚至可以說是對決套組，令人熱血沸騰呢！

當然，其中也包含了向TAKARA公司舊套件系列致敬的用意在。儘管可能有點自賣自誇，但這方面也是受惠於和敝公司原型師平田英明的個性十分契合所致。不過讓「大腳雪上用偽裝防寒服規格」附屬勒克和德斯坦的人物模型就只能說是出自好玩了⋯⋯畢竟那兩個

人和CB裝甲實在沒什麼直接的關連性，偏偏又和TV動畫的結局淵源匪淺，因此才會這麼規劃，還請各位見諒（笑）。

我們想作為配件進一步增添魅力的角色還有很多。今後也會盡力規劃附屬在相關商品中，這方面也敬請期待囉。

**4 2021年2月推出了「達格拉姆 升級ver.」。請問這款套件的魅力何在呢？**

將研發期間也算在內的話，「戰鬥裝甲 達格拉姆」已經算是8年多前的套件了，以現今的Max Factory來說，應該可以做得更好才是。說得更具體點，就是它與MAX渡邊先生理想中的「達格拉姆」仍有點差距。其中最為顯著之處就屬大腿了。升級ver.就相當明確地呈現了MAX渡邊風格的大腿造型。亦即在動畫中給人結實有力感的壯碩大腿。而且在設計面上也將零件更改為前後分割式構造，使正面不會有接合線暴露在外，這也令純粹組裝完成的素組狀態能顯得更美觀好看。

首作在發售之初就有許多針對臉部造型的議論，當時也有幾家第三方廠商針對這部分推出了各式改造零件。因此我們重先審視了設定圖稿，力求全新設計出更貼近其中造型的座艙罩零件。儘管大家都說座艙罩的正面形狀很重要，但另一個同等重要的重點，就在於從正面也要能看見座艙罩側面的模樣。是否能看得到側面足以影響到立體感和視覺資訊量等要素，還能令表情、魅力，以及角色個性變得更為出

# 由やまだたかひろ老師繪製的研發用草稿

套件研發用圖稿是請到在機械設計師領域也有著活躍表現的やまだたかひろ老師來擔綱繪製。在此要公布向來對「達格拉姆」有著深厚造詣的やまだ老師配合研發所需，煞費苦心繪製出的草稿。

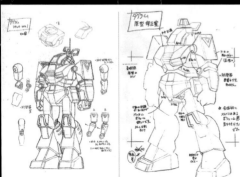

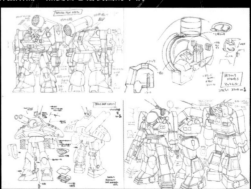

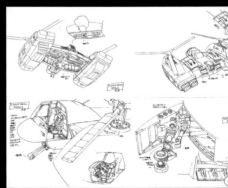

# 戰鬥裝甲達格拉姆 升級 ver. 研發資料

達格拉姆 升級 ver. 在研發之際以大腿、線性加農砲、頭部造型為中心，大幅度地重新審視了這些部位的形狀。

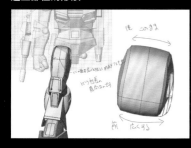 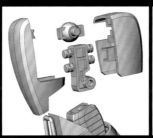 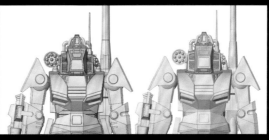 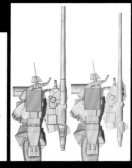

色許多。附帶一提，「鯖魚」的膝裝甲、「暴風雪砲手」的身體等部位其實剖面形狀並非方形，而是接近大幅往外凸出的六角形，這種刻意讓人能看到側面的設計，能夠進一步提升立體產品的完成度。這點當然也能套用在達格拉姆的臉部上，正因為臉部很重要，所以才會刻意採用這種表現方式。

加大渦輪背包處線性加農砲的尺寸亦是一大魅力所在。如此修改之後，線性加農砲總算比右臂上的線性砲更粗了。

 **今後其他 CB 裝甲也會推出升級版的套件嗎？**

本系列起步之初的幾款商品確實會令人有著「要是能這樣做應該會更好吧」這類想法。不過初期的每款套件在設計和規格方面也都各有著顯著進步，其實應該已經達到相當令人滿意的程度了呢。論到零件設計到已無從挑剔的商品，應該就屬實質上為第 4 作的「哈斯提」了吧，我們甚至認為它足以躋身最佳套件之列呢。如此一來……嗯。或許該找個不同方向來表現經過升級之處。就像「圓臉 強化型背包裝著型」附屬的配件那樣！

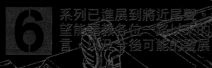 系列已進展到將近尾聲...希望能請教各位...化...的預言...以及今後可能的發展。

回顧一路以來的軌跡，「大腳 雪上用偽裝

防寒服規格」已經是第 24 作，本系列也邁入了第 7 個年頭。首先是隨著「沙漠砲手」推出，在動畫中出現過的 CB 裝甲也就全數到齊了呢，這點令人感慨萬千呢。儘管並非始終一帆風順，但我們相信只要堅持下去就能成功。這也令我們重新感受到玩家們究竟有多期待砲手系的套件，也因此覺得有踏實地研發下去真是太好了。「沙漠砲手」正以在 2021 年 5 月發售為目標而全力研發中，敬請期待！

儘管對我們這個世代來說，一提到達格拉姆模型系列就會立刻聯想到 TAKARA 公司，但這些年下來，在提到達格拉姆模型系列時，不知是否多少會聯想到「Max Factory」了呢？

說到今後的發展嘛，2021 年乃是「太陽之牙達格拉姆」40 週年，因此應該會有令各位大吃一驚的安排喔，敬請期待！

 **是否會推出 1/72 比例以外的套件呢？**

在 2019 年度全日本模型玩具展的舞台活動，MAX 渡邊先生曾問現場觀眾希望能有哪種比例的套件，當時回答 1/35 比例是最多的。該比例與軍武要素十分契合，身為「達格拉姆」迷果然會這麼回答啦！除此之外，敝公司也有在規劃 1/20 比例的方案。在先前提及的展覽中，其實亦有展示 MAX 渡邊先生製作的範例。那麼，這下子該如何是好呢（笑）。

如同各位所知，TAKARA 公司的舊套件系列有推出過 1/48 比例商品。老實說，如果要採用

那個尺寸推出一系列套件的話，價格肯定不會低，因此我們當然無法胡亂地推出一整個系列的套件。那麼究竟該怎麼做才能推出 1/72 比例以外的套件呢？ 儘管用了這麼耐人尋味的方式來回答這個問題，但為了找尋出能辦到的可能性之一，我們也在進行多方思考評估，總之還請各位玩家不要放棄這個願望，能夠繼續支持下去。

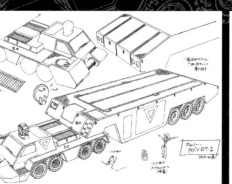 **最後想請各位對一路以來給予支持的眾達格拉姆迷說幾句話。**

首先要衷心地感謝各位對 Max Factory 旗下達格拉姆系列套件的支持與惠顧。能夠一路推出新作至今，這一切都是多虧了各位的踴躍支持。真的是感激不盡呢。

「COMBAT ARMORS MAX」今後也還會繼續發展下去，如同先前所述，2021 年乃是「太陽之牙達格拉姆」40 週年，願我們能一同努力，一起歡慶這個值得紀念的年度，進而達到繼往開來的目標！

（2021 年 2 月以電子郵件形式進行採訪）

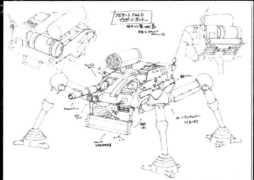 

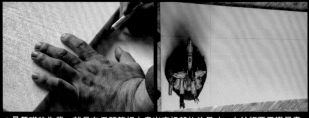

## 特別篇 大尺寸固定式模型用保管盒的製作方法

截至2021年2月發售的「戰鬥裝甲 達格拉姆 升級Ver.」為止，自2014年1月起問世的COMBAT ARMORS MAX系列已經推出了22款套件。若是連同EX款商品和已公布的新作一起計算在內，那麼更是多達28款呢。在此就要介紹本系列的商品陣容。

▶製作保管盒時所使用的材料為保麗龍板。這種材料既輕盈又具有一定的強度，而且還很易於加工。在居家用品賣場可以到建材區買到尺寸較大的。由於厚度較薄會很容易破損，因此要買具有一定厚度的來使用。這次選購了面積為210 cm × 90 cm，厚度2.5 cm的來使用。

▶首先將打算存放的完成品放在保麗龍板上來大致比對尺寸需求。以大尺寸的作品來說，就算準備了尺寸較大的保麗龍也會很快就用完。雖然這件THE-O的尺寸約為48 cm × 37 cm × 25 cm，但還是得準備3片這種尺寸的保麗龍板較為保險。

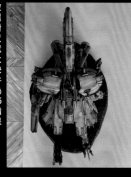

▲最基礎的作業，就是在保麗龍板上畫出底板部位的尺寸。由於想要用鐵尺畫出長度達200 cm的直線會相當困難，因此繪製這類直線時要改拿另一片保麗龍板作為尺規。底板尺寸最好要比完成品的外圍大上1～2 cm左右。要是緊貼著完成品邊緣的話，從箱中取出時不僅手指會被卡住，也很容易造成零件破損，不過要是預設得太大，那麼就會無謂地多占掉一些保管處的空間。

▶接著是測量高度。由於包含台座在內約為37 cm，因此箱子的高度就規劃為約40 cm吧。基於從盒子裡取出完成品時很容易碰撞到頂板的考量，最好是預留3 cm左右的空間，以減少破損的機率。

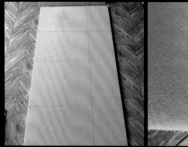

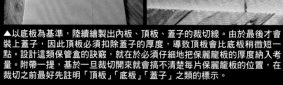

▲以底板為基準，陸續繪製出內板、頂板、蓋子的裁切線。由於最後才會裝上蓋子，因此頂板必須扣除蓋子的厚度，導致頂板會比底板稍微短一點。設計這類保管盒的訣竅，就在於必須仔細地把保麗龍板的厚度納入考量。附帶一提，基於一旦裁切開來就會搞不清楚每片保麗龍板的位置，在裁切之前最好先註明「頂板」「底板」「蓋子」之類的標示。

▲用鐵尺抵住參考線邊緣，確保能筆直地裁切開來。為了避免誤傷到自己，壓住鐵尺的那隻手要記得戴上作業用皮手套。裁切保麗龍時，美工刀很容易一下子就變鈍了，因此必須勤於更換新刀使用。

▲保麗龍板裁切完成的狀態。即使沒辦法像照片中一樣裁得剛剛好也沒關係，總之先做出能容納作品的箱子，這才是最重要的，即便稍微有些歪斜也不要緊。

▲各片保麗龍板要用牙籤來連接。如照片中所示，先用傾斜的角度刺入，接著用手指頂到插進去約一半的程度。

▲等插進去到某個程度後，改用筆尾之類物品一舉將牙籤敲到底。儘管牙籤插到中途就斷掉的情況很常見，但也用不著在意，只要換個位置拿另一根牙籤重新插入固定即可。

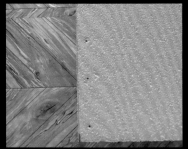

▲用牙籤將保麗龍板固定住的狀態。用傾斜角度插入會比垂直地刺進去更不容易脫落。強度也會比外觀所見的更高，在完成後能夠牢靠地固定住，不稍微點力是拆不開的。

▲將頂板、內板、底板組裝起來後，橫向放置到另一片保麗龍板上，然後用筆畫出輪廓線作為橫板的裁切線。這道作業的要領就和使用塑膠板加工時拿實物來比對相同。

▲將裁切出來的橫板也用牙籤固定住後，箱子形狀就幾乎完成了。製作到這個階段，箱子本身也已經有了相當的強度。

▲裝設正面的蓋子。由於這片保麗龍板只會在需要拿出作品時取下，因此並非做成剛剛好緊閉的尺寸，而是要調整成預留些微縫隙的程度，這樣才會較易於取下。

▲為了確保作品固定板在運送途中能保持穩定，維持在固定位置不會搖晃，因此用疊合保麗龍條的方式製作出滑軌構造。

▲將作品固定板插進先前製作的滑軌裡，確認是否能順利地插進去與抽出來。製作了這片板子之後，即可在不觸碰到作品的前提下從箱中取出或是裝進箱子裡了。由於每觸碰到完成品一次都會提高破損的風險，因此必須花功夫盡可能避免在從箱子中取出或是裝進箱子裡時觸碰到作品。當然也別忘了要實際放上作品測試一下從箱子中取出或是裝進箱子裡的狀況。

▲箱子組裝完成後，以插有牙籤的部位為中心，為箱子的各個邊角黏貼封箱布紋膠帶作為補強。封箱布紋膠帶要在居家用品賣場買較牢靠的款式。由於強度和黏力截然不同，因此箱子的牢靠程度也會有著極大差異。

▲蓋子的開闔也是透過封箱布紋膠帶來進行製作。首先是為蓋子黏貼上面積足以覆蓋住四隅的封箱布紋膠帶。

▲像照片中一樣採取只將封箱布紋膠帶前端摺疊黏貼起來的方式製作出把手，並且固定在蓋子上。這樣一來能夠牢靠地密合於蓋子表面之餘，亦用不著每次更換新的封箱布紋膠帶即可自由開闔。由於就算把封箱布紋膠帶黏貼在封箱布紋膠帶表面，其黏力也不會變差，因此可以反覆使用。

▲由於以現況來看，在裝進箱子裡時，作品還是有可能在產生晃動的情況下造成破損，因此還得在作品固定板上增設用來避免作品晃動的治具才行。首先是暫且把作品放上去，然後輕輕地搖晃一下，以便確認有哪些零件較容易晃動。

▲將小保麗龍塊經由插入牙籤固定住，藉此固定作品的台座。台座整體只要有6處像這樣固定住就行了。不過也別固定得過於牢靠，不然在拆卸時反而容易造成破損，還請特別留意這點。

▲既長又往外凸出的平衡推進翼之類部位在運送時很容易晃動。即便晃動幅度不大，一旦累積起來也會對零件造成相當的負荷，造成零件進而斷裂的情況其實並不少見。因此要像照片中一樣用保麗龍塊來支撐住。光是這麼做就能大幅減少造成破損的風險。

▲在往外凸出的隱藏臂底下留有空隙，這裡也是容易晃動的部位，同樣要設法支撐住。對於搖晃幅度較大，導致零件與保麗龍塊之間容易造成摩擦處，最好是事先黏貼封箱布紋膠帶作為保護層，以免零件刮漆。

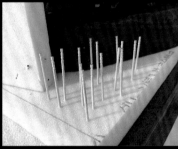

▲就算臂部本身已經牢靠地固定住了，但以持拿著這類巨大武器的情況來說，臂部還是得承受不少負荷，同樣屬於容易斷裂的部位。因此一定要提供充分的支撐才行。

▲在取出或裝入作品的過程中，用來固定住保麗龍的牙籤可能會意外斷裂，導致支撐的強度變差。因此最好事先在角落多插幾根牙籤備用，這樣會比較令人放心。

▲作品固定板製作完成。這樣一來就能緩和晃動造成的影響，減少作品在運送途中造成破損的機會。附帶一提，不管做了什麼樣的支撐，要是作品本身的強度不足，那麼還是會很容易損壞的，因此製作這類大尺寸固定式模型時，一定要連同「完成後要如何運送作品？」都審慎地納入考量才行。

▶把作品裝進箱子裡，真正完成的模樣。最後也別忘了要將作品名稱和自己的姓名標示清楚。畢竟在參加模型比賽或展示會這類活動時，行李跟別人的混在一起，導致搞不清楚那究竟是誰的作品，這類意外狀況其實還滿常見的。

大尺寸固定式模型可說是模型比賽或展示會這類活動中的明星，不過「該如何將它運送到會場？」也是個大問題。即便能夠將零件拆卸到一定程度，但究竟該如何運送等同易碎品的模型？這點可是比製作模型還困難。這次所介紹的保管盒，其實是應用自情景王山田卓司老師製作的情景模型保管盒。這種保管盒既輕巧又牢靠，即使多少堆疊幾盒模型在上面也照樣文風不動。為了有助於讓您製作的大尺寸固定式模型能長久保管存放，以及在各式

場合中發揮用途，請務必學會這種保管盒的製作方法喔。

附帶一提，若在日本，筆者建議選擇雅瑪多運輸（黑貓宅急便）公司寄送完成品。雅瑪多運輸公司在經手貨物時向來謹慎細心，HOBBY JAPAN編輯部也經常請雅瑪多運輸公司來寄送範例。作品越是精湛，例如在比賽中得獎的作品或是雜誌範例，也就越有機會透過寄送移動他處。若是能在製作時就連這些需求也納入考量的話，那麼作品的水準肯定也會更進步喔！

# 週休2日就能做到此等境界！

櫻井信之的

## COMBAT ARMORS MAX22
### 戰鬥裝甲 達格拉姆
### 升級ver.

第8回

　為了諸多欠缺自由運用時間的社會人士，職業模型師櫻井信之要介紹既省時又能做出精湛作品的技法！這次要以備受德洛伊亞人期待的套件「達格拉姆 升級ver.」為主題，介紹如何添加在1980年代時最具「寫實」風格的掉漆痕跡！當然也會一併說明套件的製作方法喔。

**1/72**
**COMBAT ARMORS MAX22**
**戰鬥裝甲 達格拉姆**
**升級ver.**

　這款套件是由2014年問世的Max Factory製達格拉姆系列首作翻新而成。頭部造型、線性加農砲、大腿等部位都設計得更貼近設定圖稿，更具備了能四平八穩地擺出「大河原站姿」的關節構造。不僅如此，還附有克林和赫克爾的人物模型。

---

**STEP 1**　**3小時**

## 介紹全新開模零件　剪下零件時的訣竅

　1/72比例達格拉姆隨著加入全新開模製作的零件而翻新推出。不僅輪廓更貼近設定圖稿中的模樣，整體更改良升級到不遜於本系列後半發售套件的水準。由於該企劃是從主角機起步的，因此從改良成果中可以看出充分地應用了將本系列發展至後半所培育出的經驗，亦能見證廠商方面是拿出真本事來研發這款達格拉姆的呢。

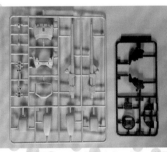 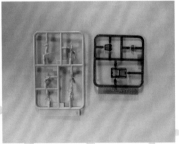  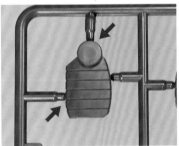

▲包含透明零件和人物模型在內，共有4片零件框架是全新開模製作的。隨著頭部造型更貼近設定圖稿中的模樣，胸部區塊也經過全新設計。大腿不僅加大了尺寸，就連可動範圍也有所增加，因此足以重現大河原邦男老師筆下畫稿中的獨特站姿。另外，線性加農砲尺寸也加大了，使這門武器更具魄力。主角機絕大部分都是為整個系列打頭陣的首作，能夠像這樣推出應用了一系列發展所得經驗的升級版套件，身為玩家可說是欣喜不已呢。

▲以本系列初期的注料口來說，與零件相接之處會是很小的球狀構造。這與在低年齡層取向的免上膠式卡榫套件上很常見，「徒手即可扳下零件的設計」很相似。不過最好還是別用那種方式來取下本系列套件的零件。另外，以注料口這麼小的情況來說，勉強將刀刃伸進該處剪下零件的話，會很容易誤傷到零件本身，還請特別留意這點。

▲剪下零件的訣竅，其實在於要從零件框架背面對著注料口較平坦處剪下。此時若是能選擇離零件約1mm的地方動剪更為保險。

▲在這片讓肩關節能夠向上擺動的零件表面刻有等間隔線條，然而在該零件中間卻也留有需要磨掉的分模線。這類零件最好是同步磨掉位於刻線底部的分模線。若是能拿磨鋸銼和模型用鑿刀之類工具來進行作業，應該就能更精確地重新雕出刻線。

▲進行重新刻線之類的削磨作業後，刻線一帶會堆積削磨碎屑和產生塑膠的毛邊。雖然基本上只要用廢棄牙刷之類物品清理掉就好，不過要是用了前述物品也無法清理乾淨的話，那麼最好是經由稍微塗佈流動型模型膠水加以「溶解」掉。

## STEP 2 3小時 分件組裝式加工

相較以往的動畫機體，達格拉姆在顏色總數上並沒有差多少，造型卻複雜了許多。藉由零件分色設計搭配多色成形零件和多層式組裝構造來重現動畫中的配色，可說是現今塑膠模型的標準，不過以進行全面塗裝的情況來說，依各顏色分別進行塗裝，再將零件組裝起來，更有助於節省製作時間。

▲小腿區塊在設計上屬於要將基座部位這片單一零件夾組在左右小腿肚零件之間的構造。儘管按照說明書指示的先夾組起來進行黏合，再進行無縫處理也行，但這樣一來與基座區塊相連接的部位就會難以打磨，導致想去除接合線會很困難。因此乾脆分別進行無縫處理，等到最後再組裝黏合起來，這樣也會顯得更為整潔美觀。

▲由於左右小腿肚零件是設計成靠著最下方的卡榫來固定在基座零件上，因此只要將該卡榫剪掉，並且將該處打磨平滑，即可套在基座零件上的方式進行組裝。組裝完畢後記得要用模型膠水黏合固定，這樣一來在強度上也就不成問題了。像這樣稍微更動組裝方式與流程，正是有助於將作品做得更美觀的訣竅所在。

  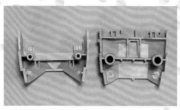 

▲腹部也是設計成夾組固定在胸部裡的構造。先前的小腿部位就算按照說明書指示進行組裝也無妨，畢竟整個小腿區塊為單一顏色，對塗裝作業不至於造成影響。但胸部和腹部為不同顏色，要是按照說明書指示進行作業的話，之後就得靠著遮蓋方式來分色塗裝了。

▲以這個部位來說，加工成能夠分件組裝的形式能讓後續作業更為省時。既然胸部也是分為前後兩片零件，那麼只要將用來固定彼此的卡榫剪掉就好。不過像小腿區塊一樣只削掉固定用卡榫的話，其實還不足以讓腹部能分件組裝，這是對該部位加工時的困難之處。

▲光是削掉固定用卡榫還不足以做到分件組裝的模樣。就算採取讓胸腹部稍微往前傾的角度進行組裝，背面也會有一部分被卡住，導致無法流暢地組裝起來。

▲為了能順利地分件組裝，因此豪邁地將會卡住組裝過程的背面削掉上側1/3。此時要先暫且透過試組確認胸部零件能將腹部遮擋到什麼程度，再用斜口剪逐步修剪掉不會暴露在外的部分。這樣一來即可讓腹部與胸部分件組裝了。詳細理由容後再述，但這次是基於不打算遮蓋塗裝的考量，才會盡可能地對原本就已不同顏色來呈現的部位施加分件組裝式修改。

### POINT 1 重新雕出刻線

BEFORE　　　　AFTER

小腿區塊這片基座零件為一體成形的單一零件。屬於不必進行無縫處理的出色設計。但這樣一來也令下擺處那一圈刻線顯得不夠盡善盡美。儘管零件正面和背面的刻線不成問題，但左右兩側刻線顯得太淺了。這是遷就於開模方式，導致無法在具有複雜高低落差處施加雕刻所致。因此必須重新雕出左右兩側的刻線才行。

### POINT 2 避免零件破裂

前臂區塊是由單一零件所構成的，用於固定住可動軸的零件可以從頂部插入。由於這部分是用滑動鋼模製作的，因此留有很複雜的分模線。

然而因為內部區塊是由頂部強行塞入的，因此這塊前臂外裝零件得承受從內部往外頂的應力。這類承受負荷之處一旦有琺瑯系溶劑滲入，那麼就很可能會造成劣化破裂。

因此乾脆將用於固定內部零件的肋梁給削掉。進行這道作業之後，即可減少零件所負荷的80%應力。這樣一來就能放心地進行水洗作業了。至於固定時也只要改用模型膠水來處理就好。

## STEP 3 4小時 無縫處理

現今的塑膠模型多半會將接合線設計成溝槽狀結構，可以說是往不必進行無縫處理的方向發展。但也正因為如此，導致有必要在原有造型上追加新設計的細部結構。儘管這樣做並不算壞事，但胡亂增加刻線得視模型本身的縮尺而定，亦有會造成反效果的情況。總之對於做模型來說，進行無縫處理是不可或缺的必要課題。

▲這是膝關節的零件。屬於分割為左右兩側，在中央脆留有接合線的典型構造。不僅要對接合線進行無縫處理，亦要確保原有細部結構在無縫處理後能夠銜接起來。

▲這是講解分件組裝時提過的小腿肚零件。先削掉固定用卡榫，再紮實進行無縫處理。因為這裡的反向倒角溝狀為其特徵，所以必須用圓銼等工具仔細整。確保表面線條與溝槽之間的邊界不會變得歪斜扭曲是重點所在。

▲照片中是所有需要進行無縫處理的部位。紅色飛彈莢艙的接合線是設計成溝槽狀，其實不進行無縫處理也行，但這次基於筆者喜好一併做了無縫處理，讓這個圓筒狀部位的表面能流暢相連。

▲全新開模大腿零件是從設定中就有的刻線處分割開來，有著專為進行無縫處理的精湛構造。受惠於該構造，膝關節零件可以先上色再組裝進去，可說是相當貼心的設計呢。

▲為了追求更高層次的完成度，還是得把這兩片零件之間的些微高低差給處理平整才行。將膝關節零件前後兩側的固定用卡榫削掉，使它能夠分件組裝。至於大腿前後零件則是用流動型模型膠水來黏合固定，然後將表面給打磨平整。

▲就算不先黏合再打磨平整，其實也能等到把膝關節零件組裝好後，再細心地將表面打磨平整。這樣一來就能保留膝蓋部位的貼心設計了。這次是因為希望能保留具有整體感的刻線，才會採取黏合的方式來處理。

## POINT 3　塗裝前的準備

由於頭部為全新開模製作的零件，因此座艙罩也是全新設計的。座艙罩屬於已塗裝規格，如果覺得為框架上色很棘手的話，那麼也可以維持現狀直接使用座艙罩零件。

不過考量到這次要添加掉漆痕跡，必須將透明部位遮蓋起來才行。就算不打算施加全面塗裝，也還是得經由噴塗消光透明漆之類的來融合光澤感，因此終究還是有遮蓋的必要。

全新開模大腿零件是從設定中就有的刻線處分割開來，有著無須進行無縫處理的精湛構造。受惠於該構造，膝關節零件可以先上色再組裝進去，可說是相當貼心的設計呢。

---

## STEP 4　6小時
# 運用矽膠脫膜劑來添加掉漆痕跡

這次要試著添加當年首播時大河原邦男老師筆下畫稿中所描繪獨特掉漆痕跡。這類掉漆痕跡其實是選用相對於基本色顯得較明亮的顏色，並且以稜邊之類部位為中心描繪出戰損痕跡的表現手法，在雙重雜誌之類媒體上看過的人應該不少，可說是令該世代留下了強烈印象的繪製技法。

▲首先用將「CB-01 鋼鐵藍」調到提高了2階段明度的顏色來塗裝整體。這個顏色最後會成為掉漆部位外露的顏色。

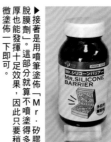

▶接著是用噴筆塗佈「Mr.矽膠脫膜劑」。這部分就算不噴塗得較厚也能發揮十足效果，因此只要稍微塗佈一下即可。

▲等矽膠脫膜劑乾燥後，就為整體噴塗相當暗沉的暗藍色，藉此作為基本色的底色。

▲接著以暗藍色為底塗基本色「CB-01 鋼鐵藍」。這個手法和使用較暗沉的同系色來施加光影塗裝相同。

▲基本色塗裝完畢後，終於要開始添加掉漆痕跡了。選用牙籤之類前端較尖的物品稍微刮掉位於矽膠脫膜劑表面那層薄膜。將底色與基本色刮掉後，就會露出位於矽膠脫膜劑底下的掉漆色。刮掉漆膜的面積和形狀等模樣就以相關資料為參考，審慎地思考後再進行作業是相當重要的。

▲掉漆痕跡添加完畢的狀態。由於掉漆色和基本色之間還有較暗沉的底色，因此能夠發揮出掉漆色的視覺效果。另外，這次的掉漆色是參考當年首播時大河原邦男老師筆下畫稿來選用，若想更貼近一般模型作品，那就並非採用基本色＋白色，而是要選擇「基本色＋中間灰」，藉此配合色溫差異進行調整。

### 渦輪背包

主體的藍色按照相同要領分成4個階段來塗掉漆色→矽膠脫膜劑→底色→基本色這3種顏色後，再經由刮掉基本色，以讓掉漆色能外露。

①CB-04灰綠色＋中間灰

②暗綠色

③CB-04灰綠色

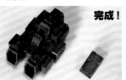

完成！

### 9連裝飛彈莢艙

紅色部位並未噴塗底色。這次是直接以達格拉姆專用漆作為掉漆色，因此基本色會選用比原有指定色更為鮮明的顏色，亦即挑選了如同車輛模型會使用的紅色。

①CB-02紅色

②Mr.カラー68號蒙瑟紅

③紅色部位並未噴塗底色，僅塗裝了2種底色（2層）顏色。

完成！

---

## STEP 5　3小時
# 銀色的掉漆痕跡

銀色的掉漆痕跡……儘管大部分金屬製品掉漆後都會露出銀色的部分，不過以大河原邦男老師筆下畫稿來說，這類掉漆痕跡是運用相異色調來表現的。雖然只要將大腿和臂部區塊塗裝成灰色的就不成問題，不過這次還是以當年畫稿中給人的印象為優先，選擇將這些部位塗裝成「銀色」。

▲全新開模大腿零件是從設定中就有的刻線處分割開來，有著無須進行無縫處理的精湛構造。受惠於該構造，膝關節零件可以先上色再組裝進去，可說是相當貼心的設計呢。

▲接著噴塗矽膠脫膜劑，然後噴塗gaiacolor 125號星光鐵色作為底色。這裡也是為了避免掉漆色過於醒目，因此才會加入一層底色。

▲再來是噴塗gaiacolor鐵道模型專用漆1001號淺不鏽鋼色，最後則是隨機噴塗123號星光硬鋁色作為點綴。

▲等乾燥之後就和一般顏色一樣，將表層的漆膜給稍微刮掉。相較於顏料系的塗料，粒子系的顏色感覺上會比較不容易刮掉。不過可別因此刮得太過用力，以免誤把最底層的掉漆色也刮掉了。

---

## STEP 6　X小時
# 水貼紙與最後調整

最後是黏貼水貼紙，並且整合光澤度。此時除了也要稍微刮掉一點水貼紙之外，亦要為機身標誌添加戰損痕跡。這方面要巧妙地搭配「連同水貼紙將漆膜稍微刮掉」和「僅稍微刮掉水貼紙」這兩種效果，藉此營造出刮損程度的輕重差異。

◀所有添加掉漆痕跡的作業結束後，即可將各個區塊組裝起來。整個組裝完成後，記得確認包含掉漆在內的所有顏色是否有不協調之處，這可是相當重要的作業喔。

◀接著是黏貼水貼紙。一路以來之所以都塗裝成光澤質感，目的在於讓水貼紙能黏貼得更為密合。之後「稍微刮掉」水貼紙，藉此與先前掉漆痕跡融為一體。

◀等水貼紙乾燥後就用消光透明漆噴塗覆蓋整體，藉此整合塗裝與水貼紙的光澤度，以及抑制金屬色的閃亮程度。最後只要再稍微施加水洗，一切就大功告成了。

在1980年代當時一肩擔負起少年們對擬真機器人的熱情，馳騁於德洛伊亞行星那片大地上的，正是達格拉姆與太陽之牙。這件範例乃是為了具體呈現大河原老師筆下畫稿中的面貌，才經由添加掉漆痕跡的手法製作而成。這也是讓這款升級版套件能更加貼近設定圖稿中氣氛的手法，可說是能更充分地享受到製作之樂的方式呢。

**1/72 COMBAT ARMORS MAX22**
戰鬥裝甲 達格拉姆 升級ver.
●發售商／Max Factory
　販售商／Good Smile Company
●4500円、發售中
●1/72、約13.5㎝●塑膠套件

# FUNG OF THE SUN
## COMBAT ARMOR
# DOUGRAM

**櫻井信之**
活躍於各式媒體的模型傳教師。精通製作
各種領域的模型。

用水貼紙呈現的機身標誌也適度地稍微刮掉一點，藉此與全身各處的掉漆痕跡融為一體。

這次的掉漆色並未選用銀色或鏽色，而是將各個顏色的基本色提高明度而成，藉此重現大河原老師筆下畫稿中「雙重雜誌風格的掉漆痕跡」。

渦輪背包可說是當時大河原風格細部結構的集大成之作。這部分匯集了在06R和其他同時期大河原筆下機器人身上可以看到的細部結構,造就了極具存在感的區塊。

雖然為了大腿和臂部等處究竟是銀色還是灰色而有過一番議論,但這次還是以當時給人的印象為優先,選擇塗裝成銀色。由照片中可知,跟本書開頭更兄那件範例給人的印象截然不同呢。

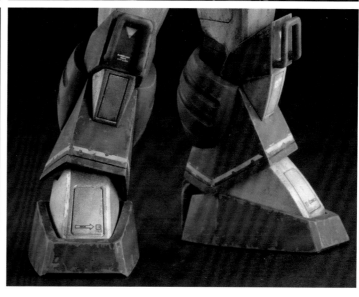

　　當年在「太陽之牙達格拉姆」公布製作消息之際看到其造型時,筆者可說是備受震撼,那份感覺更是至今難以忘懷。在同一時期引發熱潮的「鋼彈」,其實是在播映完畢後才被譽為「真正的科幻動畫」和「擬真機器人」,因此至少在主要機體設計階段應該都還沒有意識到「擬真機器人」這個詞彙吧。

　　在歷經「鋼彈」改編為電影版和鋼彈模型熱潮後,第一部以該詞彙為前提所企劃的第一部作品,就屬「太陽之牙達格拉姆」了。達格拉姆既沒有眼睛也沒有嘴巴,而是以由座艙罩構成的頭部為象徵,有著極度欠缺表情的造型。正因為連薩克都能藉著單眼的發光和動作來表現「演技」,所以這個選擇在當時肯定是相當冒險的事情才對。不僅如此,在與該作品首播同步發行的「雙重雜誌」中,還請到了擔綱

機械設計師的大河原邦男老師來繪製插圖,當時那些畫稿為吾等這輩模型玩家帶來了心靈創傷等級的震撼,至今仍難以忘懷。畢竟在大河原老師配合鋼彈電影版所繪製的畫稿中,他運用了機身標誌,以及隨機添加銀色的手法來賦予舊化效果,對於在做模型時該如何營造出與動畫中的MS表現,他可說是點出了靈感與方向。到了CB裝甲時,他又展現了更為進步的舊化表現。在這個時期的畫稿中,裝甲稜邊的掉漆痕跡並非銀色,而是選擇塗上明度更高的同系色。這點就跟汽車之類擦撞到交通護欄時所造成的顏色變化相仿,足以令人下意識地將「寫實」這個詞彙銘記在心呢。

　　這次正是要致力於重現那種獨特的掉漆痕跡。除此之外,也尚有達格拉姆的大腿和臂部「究竟是灰色?還是銀色?」的問題待解決。

以當時的套件完成樣品和範例來看,絕大多數都是塗裝成銀色的,這也令人留下了深刻的印象。這次筆者還事先找了同年代的總編和責任編輯問問看,結果也是獲得了「銀色」的印象較深這個答案。儘管也有B-29~F-86、F-104等讓金屬色外露的飛機存在,但這種「銀色」在施加屬於模型的舊化表現之際,一般來說會運用色調和粒子有所不同的金屬漆來分色塗裝。不過在大河原老師筆下畫稿中似乎也有畫出銀色的掉漆痕跡,至少在筆者眼中那種顏色表現得像「銀色」……也不對,或許是在記憶美化下才會認為看起來是銀色的。因此該如何在模型上解決這個矛盾,亦是本次的主題所在。那麼,各位覺得這個問題的答案為何呢?達格拉姆的大腿究竟是銀色?還是灰色的呢?

# 懷舊模型獵人
## NATSUKASHI MOKEI HUNTER
### 第8回

**主題** 太陽之牙達格拉姆　裝甲騎兵波德姆茲
　　　SAK系列型錄集

　　1981年時，TAKARA（現為TAKARATOMY）正式進軍塑膠模型市場。在「太陽之牙達格拉姆」之前，TAKARA曾陸續推出過「宇宙海盜哈洛克船長」、「星際大戰」（1978）、「改造恐龍 機械恐龍」（1979）、「機器人孫59」（1980）等作品的角色模型。「達格拉姆」與它們截然不同之處，在於冠上「SAK（比例動畫套件）」這個品牌名稱，這也象徵著此系列一開始就正式採用了比例模型的概念。那麼，接下來就一同透過型錄來回顧SAK系列發展了5年的歷史吧。

（統籌&資料／五十嵐浩司、編輯協力／市川正浩）

▲上方為SAK系列的最後一份型錄。很抱歉，由於版面有限，因此只能忍痛刊載在這裡。在該型錄中，加利安系列被譽為「宣告從擬真機體時代邁入個性化模型時代的模型」。有別於以往的SAK，「機甲界加利安」系列的消費者取向有著若干改變，不僅可以藉由附錄卡片參加抽獎，這設置了可和TAKARA研發團隊直接溝通的「加利安熱線」，更能憑印製在包裝盒上的標誌參加全員有獎等活動，著重在這些企劃上的程度甚至超過了商品本身，很明顯地是以吸引新消費者為訴求。

---

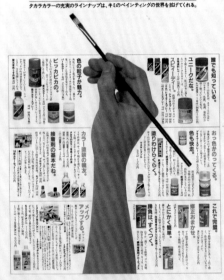

▲上方的圖片出自「TAKARA Hobby Character Model Catalog '82」。封面主圖為「達格拉姆」和新谷薰老師的漫畫作品「基地88」。這2部作品都是SAK初期的商品陣容。附帶一提，除了SAK之外，亦有刊載威望（Revell）模型漆和模型工具用品的型錄，以及塗裝小知識等內容。

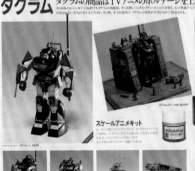

◀由於這份型錄是在「達格拉姆」自1981年10月首播後過了半年，亦即1982年春季才編撰的，因此在該時間點已經發售了1/72達格拉姆、1/72索爾提克、1/48達格拉姆這3款商品，以及3款雙重模型。至於「基地88」則是尚處預告即將發售新商品的階段。

## A4開本型錄

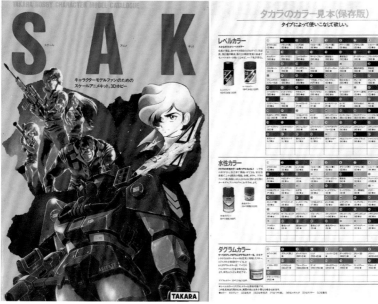

這種TAKARA發行的A4開本型錄，主要是在針對相關業者舉辦的發表會等場合中分發。附帶一提，除此之外，在TAKARA年度綜合型錄中也會根據作品分門別類地設置專屬介紹頁面。儘管從「TAKARA Hobby Character Model Catalog'82」到發行「TAKARA HOBBY CHARACTER MODEL CATALOGUE SAK」才過了約半年的時間，但「達格拉姆」的商品總數在這段期間內明顯地增加許多，從這個首播後已有一陣子的時間點可知，「達格拉姆」SAK系列可說是勢如破竹地在推出新商品。

▲上方圖片出自「TAKARA HOBBY CHARACTER MODEL CATALOGUE SAK」。繼「達格拉姆」和「基地88」之後，「宇宙先鋒」也以第3部作品的形式加入。內容不僅有TAKARA的模型漆色票頁面，亦有介紹「威望模型漆」和「水性模型漆」，以及「達格拉姆專用漆」。

▲這是附在「TAKARA Hobby Character Model Catalog'82」裡的「阿Q獸」傳單。在其中還能看到當時獲得玩具授權的山勝公司商標。這個系列介紹了原創的故事，以及身高、體重等資料，甚至提及了接下來會推出超人力霸王系列的消息。

◀這份「SAK」是在1982年秋季發行的，由圖片中可知，儘管距離前一期只隔了半年的時間，但「達格拉姆」SAK系列的商品陣容已經變得豐富許多。「基地88」在初期商品陣容逐一上市之後，已經邁入準備推出下一階段商品的時期。至於「宇宙先鋒」則是從推出角色模型起步。

## S・A・K 3D HOBBY

這是主要介紹SAK商品的三頁折式宣傳本事。這並非純粹的商品型錄，而是力求與模型雜誌「雙重雜誌」呈現互動合作的關係，這種與資訊媒體積極合作的形式，後來也促成了「3D期刊」發行。

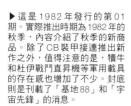

▶這是1982年發行的第01期。實際推出時期為1982年的秋季，內容介紹了秋季的新商品。除了CB裝甲接連推出新作之外，值得注意的是，犢牛和杜伊戰鬥直昇機等軍用載具的存在感也增加了不少。封底則是刊載了「基地88」和「宇宙先鋒」的消息。

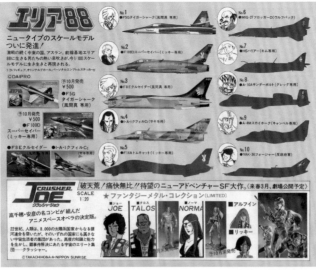

▶這是 1982 年發行的第 02 期。實際推出時期為秋季，雖然介紹的資訊基本上和「TAKARA HOBBY CHARACTER MODEL CATALOGUE SAK」相同，卻也公布了「基地 88」的虎鯊式和超級軍刀式將於 10 月份推出的消息。另外，「宇宙先鋒」系列則是公布了塔羅斯和諾瑪的人物模型試作品。

▶1983 年發行的第 03 期是在夏季推出，主打作品為「裝甲騎兵波德姆茲」。「裝甲騎兵」在商品研發進度上似乎有點落後，在首播後過了 3 個月，亦即 7 月時才宣告首作為 1/24 眼鏡鬥犬。另外，紫熊和潛水甲蟲後來則是並未發售。

## S・A・K 3D HOBBY 模型產品型錄

雖然一部分名稱與「S・A・K 3D HOBBY」相同，但前者為三頁折式宣傳本事，這本則是騎馬釘裝訂的手冊。雖然只有 No.3 為四頁折式的，但內容同樣是全彩的 16 頁版面設計。

▲No.1 應該是在 1983 年 1 月左右發行的。雖然「達格拉姆」離 TV 動畫播映完畢只剩下 3 個月的時間，但鐵腳、大腳、暴風雪砲手等套件也仍規劃在 4 月播映完畢後才推出，由此可知眾人對該作品的熱情尚未冷卻下來。在卷末則是刊載了「裝甲騎兵」的預告。

▲No.2應該是在1983年4月左右發行的。主打作品已經換成「裝甲騎兵」，內容介紹了可重現駕駛艙等特色，藉此凸顯出SAK系列的品質已超越「達格拉姆」再創新巔峰。另外，在「雙重雜誌」公布欄單元還刊載了達格拉姆車隊情景模型的採訪報導等珍貴照片。

◀No.3應該是在1983年春季發行的。封底介紹了3D模擬戰棋遊戲、阿Q迴力車達格拉姆、「裝甲騎兵」的獨立關節模型系列，以及雙重雜誌第6號的消息。

▲No.3的刊載作品是以「裝甲騎兵」為主打，亦包含了「達格拉姆」、「基地88」、「宇宙先鋒」、水性模型漆、威望模型漆、TAKARA動畫模型漆等內容，可說是TAKARA模型歷來的集大成。「裝甲騎兵」一路介紹到了打擊獵犬，但並未刊載立姆、紅肩隊特裝型、1/35廣域推進器型。「達格拉姆」在電影版上映後推出的商品除了「大河原邦男包裝盒書稿收藏集」和1/48電鍍版達格拉姆之外，也僅刊載最後一款商品「滑翔翼型達格拉姆」的線稿。接下來，在陸續推出「巨神戈古」和「機甲界加利安」的商品之後，SAK系列的歷史也到此宣告結束。

# 機械設計師列傳

## SPECIAL TALK　　Hideo Okamoto

### 第8回｜岡本英郎

以1972年首播的「魔神Z（無敵鐵金剛）」為先鋒，機器人這個題材在動畫與玩具界掀起了重大革命與風潮。到了1981年時，機器人動畫和其周邊玩具的發展原本已陷入瓶頸，但電影版「機動戰士鋼彈」上映宛如注入起爆劑般，將這個領域引領到了全新階段。這次正是請到在那個大革新時期為動畫與玩具業界都默默地做出了巨大貢獻，可謂是無冕王的岡本英郎接受採訪，請教他當時的寶貴經驗。

**Profile**
岡本英郎■機械設計師、插畫家、影片監督。在設計公司「DESIGNMATE」任職後另行獨立開業。曾為諸多動畫及特攝作品提供設計案。近年來涉足寫作和監督領域，參與了各式各樣的活動。主要以設計師身分參與的包含「機動戰士Z鋼彈」、「機動戰士鋼彈ZZ」、「超人機金屬人」、「鎧傳武士騎兵」、「哥吉拉vs戴斯特洛伊亞」等作品。亦為「靈犬戰士早太郎伊那谷幽玄之戰」、「民俗學者 深暘景子系列『創造之魔王』」等諸多作品擔綱監督一職。

## 有如命中注定般地獲知了「漫畫畫廊」的存在

——請問您當初成為機械設計師的契機何在呢？

想來應該是我讀高中時，有個朋友想要向女孩子搭訕那檔子事吧。結果那個女孩子竟然是「宇宙戰艦大和號」的忠實支持者。後來我也和那個女孩子待的團體成為了朋友，她們也因此告訴我不妨去位於江谷田的「漫畫畫廊」這間咖啡廳看看。在這層契機下，我幾乎每天都會去江谷田那邊。

當時野崎欣宏先生、永野護老師等諸多動畫業界人士都經常光顧漫畫畫廊。我也因此和野崎先生等人熟識起來，在這層緣分下，他便對我提了「我們最近要成立企劃公司，你要不要來打工呢」之類的事情。我實際去看看情況後，發現日後創刊發行了「Animec」雜誌的小牧雅伸先生和池田憲章先生等一流人才都在那邊，於是我後來也決定去那裡工作。我所負責的，是相當於信差的業務，舉例來說就是跑腿去富士電視台，把原稿交給以身為歌手和演員聞名的石川進先生之類的。不過實際上也沒做多久就是了。

後來到了「超電磁機器人 合體戰士V」、「超電磁機械 雷霆五號」、「鬥將戴摩斯」等作品陸續播出時，我聽說了野崎先生似乎在招募機械設計師的事情。於是我便把自己的畫作拿給他看，那時他便問了我「你想從事繪圖工作嗎？」之類的事情。接著便自然而然地發展成了由我來為「宇宙大帝 巨神西格瑪（神勇戰士）」繪製約35張迷你卡片。這也是我第一份繪圖的工作。感覺上就像是趕鴨子上架畫幾張圖立刻交件呢。不過當時的我顯然太自以為是，連最基礎的事情都沒做過就是了（笑）。

## 幾經波折的 DESIGNMATE 時代

——您原本就很擅長畫畫嗎？

我很喜歡畫鐵人28號和魔神Z，不過在畫畫這個領域並沒有特別深入的鑽研就是了。

——您以前曾經想過將來會往這個方向發展嗎？

我讀小學時，有一次正在家後面的空地上玩耍，結果突然有名陌生大叔跑來問我「該怎樣讓魔神Z飛起來比較好」。雖然是後來才知道的，但那名大叔就是東映動畫的辻忠直先生，我也是那時才曉得原來有著可以只畫機器人就好的工作。受到在漫畫畫廊結識，為「UFO機器人 克連大漢（金剛戰神）」同人誌繪製封面

的阿部忍先生影響，我也去美術的專門學校就讀，並且在那裡學習了平面設計。野崎先生也因此對我說「既然這樣，那你應該去這裡工作才對」，於是便把我介紹給了DESIGNMATE這間公司。

——您才進入DESIGNMATE工作沒多久，在「Animec」第19期的機械設計師特輯中，就已經刊載了岡本先生您的照片了呢。

照片旁還有加上「新人岡本小弟」這句圖說呢（笑）。不過我在DESIGNMATE工作了3個月左右就辭職了。要說為什麼嘛，理由在於一進公司就不曉得幾點才能下班，工作量本身也相當重。因此在那期「Animec」上市1個月之後，我其實就已經辭職了。後來我進了名為Thompson的外資廣告代理公司工作，主要是協助家樂氏等品牌拍攝廣告用的照片。

——所以您就這樣暫且離開了動畫領域呢。

是的。當時正好有個熟人在Thompson當社長祕書，對方便問我「既然如此，要不要乾脆來我們這邊工作？」。不過實際上算打工就是了（笑）。於是我就這樣每天過著宛如身處偶像劇中的生活。晚上則是會在六本木玩得很開心……就這樣過了一段日子。被野崎先生知道這件事之後，他還對我發了好大一頓脾氣呢。

# 認識辻忠直先生之後才曉得有著可

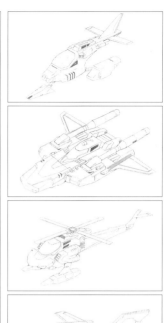

▲幕臣我的動作場面，以及各式武器的提案（草稿）

▲流離我的動作場面參考用設定

▶這些是流離我的輔助機組群。由上而下依序為栓椿飛艇、越野重甲機、杏仁直昇機、飛行步槍機

# WORKS 1

岡本先生的出道作為「銀河旋風無賴我」。由於無賴我的玩具相當暢銷熱賣，因此促成了被稱為J9系列的作品群誕生，陸續推出了「銀河烈風幕臣我」和「銀河疾風流離我」這兩部作品。岡本老師當時隸屬於DESIGNMATE公司，並且以協助主任設計師樋口雄一老師的形式經手機械設計業務。

那大概是我有生以來被罵得最慘的時候了。

——為什麼會這樣呢？

因為我並沒有向野崎先生提過要從DESIGNMATE辭職的事情。那時我一決定要辭職，也就突然不回公司上班了，如今回想起來，那確實是很不禮貌的舉動呢。最後野崎先生非常生氣地對我說「你給我回DESIGNMATE工作」。

儘管如此，DESIGNMATE還是既往不咎地接受了我。我的上司樋口雄一先生也很通情達理，只說了句「你這頓午飯吃得還真久呢」便讓我返回崗位。那時記得是「傳說巨神伊甸王」電影版剛上映，「銀河旋風無賴我」這個企劃已經起步的時期。而我則是從「無賴我」第13集才參與製作的。

——原來如此，所以您第一部實際參與製作的動畫是「無賴我」呢。

是的，確實是從「無賴我」開始的呢。當時我是負責設計每一集裡出現的客串機體。

——您就是從那時開始與「J9系列」結了深厚淵源呢。

不僅是J9系列，我也參與過許多國際映畫社旗下動畫的製作。其中也包含了「阿波羅之女」這類作品喔。

——順便請教一下，您在「無賴我」中是負責哪些部分呢？

例如客串機體和敵方機器人之類的，還有無賴我強化威力時的武器——無賴加農砲，那也是我設計的。不過這方面已經有點記不太清楚就是了（笑）。

——您在動畫界出道後經手了很多工作呢。

可說是忙個不停呢。我沒記錯的話，應該也參與過「時空母艦系列 總算現身俠」的製作。除了動畫之外，還有為TAKARA（現為TAKARATOMY）公司經手「微星小超人」的商品設計。感覺上就像是一邊進行商品企劃，一邊參與動畫製作呢。

## 希望由你來整合ZZ鋼彈的設計

——原來如此，確實一提到DESIGNMATE，就會想到作為該公司一大支柱的玩具設計業務。

我還參與了商品的企劃構思、包裝盒設計等綜合性的業務。我個人印象最深刻的，就屬TOMY公司那款名為「View-Master」的3D幻燈片觀影機玩具。記得那是在「超人力霸王80」快要播映完畢的時期吧。當時為了拍攝View-Master所需的幻燈片，我們把圓谷製作公司倉庫裡幾乎所有的怪獸和歷代超人力霸王戲服都帶去大島拍外景，還在攝影棚裡跟所有超人力霸王排隊合照。那時負責現場所有導演工作的也是我。

——您現在會擔綱監督一職，契機在於當時經手過導演業務嗎？

或許是這樣吧。我也曾親自穿戴過怪獸德拉科的戲服喔。那時是從石光一美先生穿上「超異象之謎」的葛爾戈斯戲服開始，然後我也就跟著圓谷製作公司的動作演員團隊這麼做了。

另一方面，當我回頭處理DESIGNMATE的工作時，突然接到了與「鋼彈」新作有關的業務。內容是會邀請各方工作室繪製新型鋼彈的設計案進行比稿，富野（由悠季）監督在逐一看過內容後會親自回覆結果。

——那麼，富野監督是如何答覆您的呢？

當時我只覺得「富野監督，您其實並不喜歡DESIGNMATE吧？」。這件事可能得從「伊甸王」那時說起，伊甸王不是由樋口雄一先生擔綱設計成商品，而且既能三機合體，各機組也都備有單鍵變形功能嗎。不過富野監督對此萌生了「我可不是在做商品的廣告宣傳片」這種反彈情緒，雙方當然也因此爆發了衝突。但他們彼此好像都覺得「怎麼會搞成這樣？」……

# 以只畫機器人就好的工作！

# 若「ZZ」沒受到他人的意見左右，

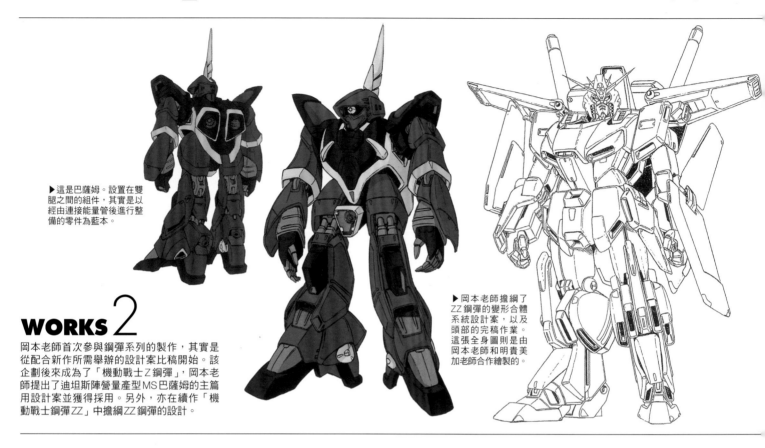

▶這是巴薩姆。設置在雙腿之間的組件，其實是以經由連接能量管後進行整備的零件為藍本。

## WORKS 2

岡本老師首次參與鋼彈系列的製作，其實是從配合新作所需舉辦的設計案比稿開始。該企劃後來成為了「機動戰士Z鋼彈」，岡本老師提出了迪坦斯陣營量產型MS巴薩姆的主篇用設計案並獲得採用。另外，亦在續作「機動戰士鋼彈ZZ」中擔綱ZZ鋼彈的設計。

▶岡本老師擔綱了ZZ鋼彈的變形合體系統設計案，以及頭部的完稿作業。這張全身圖則是由岡本老師和明貴美加老師合作繪製的。

---

——的確可能會演變成這種情況呢。

結果問題最大之處，其實在於「科學冒險隊探搜5」的玩具機構設計得很精湛，導致萌生了「不妨將它套用在伊甸王上吧」一事。話說原本就是因為「探搜5」玩具系列實現了名為「奇蹟變形」的單鍵變形機能，才促成了「下次試著套用在機器人上吧」的構想，而具體的成果就是伊甸王。純粹就商品層面來說，那確實很精湛沒錯。但在這層關係下，富野監督肯定會有意見不是嗎。

經歷過前述那些事情後，我在「機動戰士Z鋼彈」那個時期正式離開了DESIGNMATE。不過儘管是在那之後，我還是有接受委託為巴薩姆完稿。

——除了巴薩姆之外，您還設計了哪些MS呢？

我離開DESIGNMATE時，「Z鋼彈」已經開始播了。當時故事已經發展到後半，也就是差不多開始準備「機動戰士鋼彈ZZ」的時期了。因此我也繪製了各式各樣的鋼彈喔。

——所以您是從準備階段就正式參與鋼彈的製作囉。

是的。然而儘管周遭人們都對我抱持著很高的期望，我個人卻幾乎感受不到鋼彈的魅力何在。畢竟野崎先生也對我說過「鋼彈終究還

是大河原（邦男）老師的」。事實上我也覺得「或許是這樣沒錯」。但現在的想法就不一樣了。

第一次接到「鋼彈ZZ」相關工作是在1986年的新年之前。其實一開始已經有了某人提出的草案，但照他的規劃並無法變形合體，也就沒辦法進一步設計成商品。隨著首播的時間不斷逼近，於是只好委託我「請你無論如何都要將ZZ鋼彈的設計給整合好」，因此我放棄了從年底到新年的所有假期全力整合設計。首先是擬定變形合體的規劃，再一路整合到「只要修改成這樣，應該就能變形合體了」的程度。接著是調整細部，然後繪製成定案稿。

### 留下遺憾的ZZ鋼彈

當時我覺得設計機械造型就和打棒球一樣，是一種團隊合作的事情。因此才會執著於「難得都設計到這個階段了，非得設法延續下去不可」和「一定要往交付到我手上的方向繼續發揮下去才行」……結果導致我太遷就於既有的狀況，如今回想起來真的很後悔。要是當時沒有受到他人的意見左右，能更堅定地用自己的方式去設計就好了。

——想做到這點確實很難呢。也正因為如此，一

提到「那是誰設計的？」這類話題時，ZZ鋼彈總是很難講出個明確的答案呢。

的確是這樣呢。如果真要說那是我設計的，那麼當時我只要肯負起責任徹底放棄既有的草案，整個從頭來過就行了。因此我格外地懊悔。難得都給我這個機會了，卻又這樣白白錯過，這真的令我感到非常遺憾。

——另一方面，以商品層面來說，ZZ鋼彈確實設計得很不錯呢。

確實如此呢。這點我也有明確感受到。剛好那個時期敵方MS幾乎都賣不動。後來SUNRISE的內田（健二）先生對我說「現在根本完全賣不動，你們要想辦法設計些更好賣的東西才對」，試圖透過訓斥的方式激勵一番。對於他這番話，我直接回答「那只要全部都設計成鋼彈不就好了」，結果他反而更生氣地說「我們家又不是做假面騎士或超人力霸王的！」。不過後來的「機動武鬥傳G鋼彈」還當真全都是鋼彈，這真是令人意想不到呢（笑）。

——ZZ鋼彈那時您是在伸童舍工作嗎？

是的。有點像在酒吧一樣，每次都是像「有工作了，你也一起過來幹活吧」這樣的感覺被找過去（笑）。印象中我那時幾乎是24小時都和藤田一己老師、明貴美加老師、幡池裕行老

# 堅持用自己的方式設計就好了。

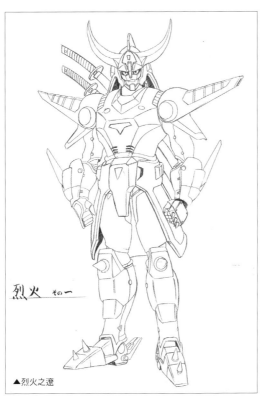

▲烈火之遼

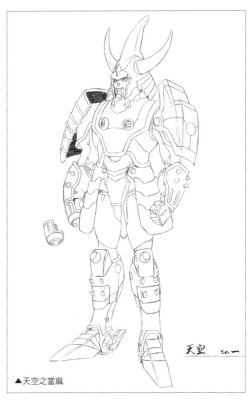

▲天空之當麻

## WORKS 3

岡本老師在「鎧傳武士騎兵」中擔綱的職務是列名為鎧甲設計。不過其實他早在企劃初期階段便參與了製作，除了設計主要角色用的鎧擬亞之外，亦經手了玩具商品用包裝盒設計等各式業務。附帶一提，金剛起初是作為主角用鎧甲來進行設計的。主角陣容在設計階段是將年紀設想為青年，因此與動畫版設定在頭身比例上會有所差異。

---

師等人一起工作。之後回想起來，那還真是不得了的黃金陣容呢。

——那在當時並不罕見嗎？

　　就是啊。畢竟在那個時期，有著諸多與以往在各方面都不同的新世代崛起。不過我在「鋼彈ZZ」製作到途中就不得不退出了。儘管大家都小心翼翼地不敢說出口，但我當時明確表達過「我不想再做鋼彈了」。被問到「那麼製作團隊名單該怎麼處理？」之際，我直接答覆「那無所謂」婉拒列名其中。就這樣，在離開「鋼彈ZZ」製作團隊時，其實就連我自己也覺得「唉，機械設計師的生涯應該就到此為止了吧」。

　　後來我被當時擔任SUNRISE社長的山浦（榮二）先生找過去，還被他狠狠地罵了一頓。最後他還嚴厲厲地下達了「下一個動畫企劃由你來決定吧！」的命令。基於之前經手過TAKARA公司的工作這層關係，我便以沼本青海先生的顧問公司3D PLANET為主體編撰出了企劃。那正是「鎧傳武士騎兵」。

### 武士騎兵的舞台祕辛

——據說您參與製作「鎧傳武士騎兵」的幅度很深是嗎。

　　那個企劃的真正出發點，原本是在於該如何在日本銷售名為「太空超人系列」的美系可動玩偶。英雄披掛著護甲的要素，還有戴著全罩式頭盔的設計全都是源自那個美系可動玩偶作品。「太空超人」的可動玩偶甚至能騎乘同系列的動物型可動玩偶，而那也正是白炎的典故所在。儘管TAKARA公司早在1980年代初期便已進口「太空超人」系列販售，但在日本並沒有引起多大的迴響，因此才會決定針對日本國內市場另行推出獨立的商品系列。

——那麼「武士騎兵」這個作品名稱又是如何決定的呢？

　　其實那是在TAKARA公司擔綱玩具研發的成員之一牧野（仁樹）先生某天突然說了「取名叫做武士騎兵如何？」，於是名稱也就這麼定案下來。由於牧野先生本身是位時代劇迷，因此能充分理解我的點子和提案內容。

　　我一開始所想像的，其實和現今的「戰國BASARA」很類似，也就是伊達政宗等戰國武將的後代子孫各自擁有城堡，在有必要時會披掛作為傳家寶物的鎧甲上陣，以武士的身分戰鬥這種故事。牧野先生甚至帶了一套真正的鎧甲過來作為參考資料，讓我們透過仔細觀察和實際穿戴進行徹底研究。我也因此想像出了在各

武將所屬城堡深處都有一套收納形態的鎧甲坐鎮，在上陣時則是能披掛在身上的設定。

——「武士騎兵」系列玩具因為具備獨特的關節機構而冠上「超彈動」名號，那是如何誕生的呢？

　　在關節內部設置彈簧這個點子是出自沼本先生的提案。他正是為「鋼鐵吉克」發明用磁鐵作為關節的人，因此在關節方面比任何人都更加講究。用彈簧作為關節也是著眼於讓玩具實際把玩起來能夠有趣的設計。不過在「超彈動」正式定案之前，其實也曾有過要往更著重外觀的可動玩偶發展這個構想，甚至還為此找了MAX渡邊先生來請教討論一番。如果當時真的改成往該方向推出商品，那麼現今的玩具史可能會截然不同吧。

——在超彈動機構定案之前還有過哪些不同的點子呢？

　　例如在造型上加入老虎等動物的特徵，或是讓鎧甲能變形為交通工具之類的，幾乎都是著重於兒童喜好的方案。然而在TAKARA公司針對兒童進行的市場調查中，這些設計竟出乎意料地並不受青睞。在當時對兒童進行市場調查可是非常重要的。就結果來說，格外受兒童喜愛的要素在於「尖刺」造型。這也是為何所

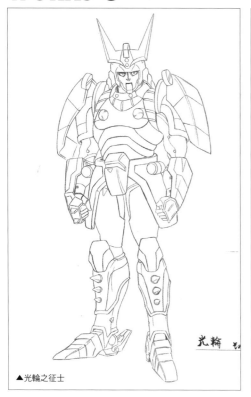

▲光輪之征士

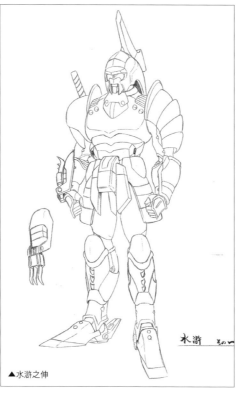

▲水滸之伸

▲金剛之秀

有的鎧擬亞（鎧甲）都會在某處加上尖刺造型。話說尖刺數量最多的就屬金剛了。其實起初原本是打算讓金剛當主角的喔。畢竟金剛是以西遊記的角色為藍本呢。左右不對稱造型亦是融入了現實鎧甲的要素而成。

——原來烈火一開始並不是主角啊。

烈火的設計是著重在「開放感」上，因此將各部位線條設計成有如從胸部呈放射狀往外延伸出去的模樣。在決定改由烈火擔任主角後，基於「為主角融入飛機形象」的想法，於是便把肩甲設計成了大幅往外延伸的造型。

——從岡本老師您繪製的設定圖稿來看，頭身比例似乎比較高耶？

如同前述，起初是規劃為供城主披掛的鎧甲，穿戴者當然也就設計為較成熟的年紀。改以少年當主角則是正式展開製作前夕才做出的更動。那也是因為沼本先生某天突然冒出了「把主角群改為少年吧！」這句話的關係。「超彈動」也是這樣，沼本先生總是會靈光一閃呢（笑）。據他說理由在於「在『超人力霸王』裡，星野小朋友這個角色很受兒童歡迎」。儘管他這麼說，但我對那個角色幾乎毫無印象，導致我大吃一驚呢。

——儘管您參與的職務是列名為「鎧甲設計」，

但實際參與企劃的幅度卻相當深呢。

不僅是造型設計，從「超彈動」的包裝盒設計和背景，直到說明書插圖也都是我一手包辦的。我甚至還經手過動畫的原畫繪製喔。因此我可以很自豪地說這部作品「我是從頭參與一路做到最後的」。

## 拚了命地往前衝的1980年代

——在那之後又有哪些令您印象深刻的工作呢？

dB-SOFT公司的「高機動戰鬥Ⅱ」吧。該電玩遊戲裡主角機「鬥志護衛」也是由我設計的。我是2、3年前在翻閱這份工作的檔案時剛好翻到了設定圖稿，這才想起來那檔子事的。它和ZZ鋼彈相仿，屬於雙機合體型的機器人。但年代久遠，我已經記不太清楚到底是先設計出ZZ鋼彈，後來才有鬥志護衛，或者正好相反就是了。不過應該都是在同一個時期設計的沒錯。畢竟當時我參與過各式各樣機器人玩具的設計呢。

——那麼您為「鑽石旋風隊」經手過哪些部分的設計呢？

這我就完全搞不清楚了。我家裡是還留著一個可以變形成徽章之類的機器人試作品，但

我也只依稀記得「那是自己設計的」而已。畢竟我從沒把DESIGNMATE時代的工作成果帶回家過，因此早就忘得一乾二淨了。

後來在3D PLANET那邊經手的是「魔神英雄傳」，當時明明也經手了超多的設計，但我手邊還是連張稿件都沒有留下來呢。不過我確實為「魔神英雄傳」設計了許多敵方的魔神喔。包含了雷電力士王、拖車頭老大、火焰傑森、異形霸王等主要是屬於致敬系的魔神。儘管也有設計正義陣營魔神和龍神丸之類的，但真正100%出自我個人設計的只有海王丸呢。

再來就是雖然並未真正成案，但我也曾設計過「黃金打火機金剛（無敵小戰士）」系列。當時該企劃是以「新黃金打火機金剛」為名，不過是由類似金字塔的物體變形為機器人。印象中那是金字塔型的打火機，在最頂端設有機構，可以用來喀嚓地點火。當時我設計了可以先變形為戰車，再變形為飛行機體，最後是變形為機器人的方案。

——那是以玩具為主體的作品嗎？還是動畫作品呢？

我記得應該並非動畫而是純粹的玩具作品。好像是因為我說過「真想重新再做一次黃金打火機金剛」之類的話，所以才促成了該企

# 我可以很自豪地說，我從頭參與了

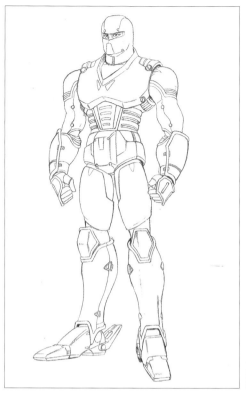

◀內襯護甲。要先穿上這套護甲，然後才披掛鎧擬亞。

**主要作品列表**

|  |
| --- |
| 銀河旋風無賴我（1981） |
| 時光母艦系列 總算現身俠（1981） |
| 銀河烈風幕臣我（1982） |
| 銀河疾風流離我（1983） |
| 亞空大作戰史隆格（1983） |
| 機動戰士Z鋼彈（1985） |
| 機動戰士鋼彈ZZ（1986） |
| 神奇攻擊號S（1986） |
| 超人機金屬人（1987） |
| 魔神英雄傳（1988） |
| 鎧傳武士騎兵（1988） |
| 桃太郎傳說 PEACHBOY LEGEND（1989） |
| 特搜機器人強帕森（1993） |
| 藍色特警隊（1994） |
| 忍者戰隊隱連者（1994） |
| 電光超人古立特 魔王大反擊（1994） |
| 太陽武神（東寶電影／1994） |
| 哥吉拉 vs 戴斯特洛伊亞（1995） |
| 摩斯拉（1996） |
| 超人力霸王迪卡（1996） |
| 摩斯拉2 海底大決戰（1997） |
| 假面天使羅潔塔（1998） |
| 哥吉拉2000 千禧年（1999） |
| 超星神格蘭賽沙（2003） |
| Haru Miyako & 大腳對決死亡Cupitron（2010） |
| 妖怪的世界（2013） |
| 妖戀歌化為一陣風（2014） |
| 幽鬼（2014） |
| 妖怪的故事（2018） |
| 靈犬戰士早太郎伊那谷幽玄之戰（2020） |
| 民俗學者深鳴景子系列「創造之魔王」（2020） |
| SSSS. DYNAZENON（2021） |

劃的樣子。

──當時隸屬於POPY的村上（克彥）先生也很喜歡金字塔呢（笑）。

沒錯，的確是這樣。他向來也準備了不少題材呢。不只是ZZ，我那時還設計過許多變形機構。畢竟當時的機器人好像都得具備變形機能才行。因此我也設計過不少僅停留在企劃階段便沒了下文的變形機器人。

──在「鋼彈ZZ」之後，您好像在「超人機金屬人」那個時期左右也開始經手特攝作品的設計工作呢。

我個人原本就很想參與特攝類的工作。但我知道自身本事不足以參與「哥吉拉」這類的大作。不過「超人機金屬人」是委託我負責商品設計，光是這樣就讓我欣喜不已了。

──話雖如此，正是因為您在1980年代不斷地累積經驗，後來才促成了您在1990年代得以經手哥吉拉系列的相關工作呢。

話是這樣沒錯，但每間公司在設計方面的做法其實都不一樣。我起初也對此感到相當困惑。難得都接到理想中的工作了，但我發現自己反而感到有些迷惘。

話說鋼彈本身相當重視設計，講得更明白些就是注重整體性，我覺得這點相當不錯。東映等公司也是如此。而我也理所當然地習慣了這種作風，因此當遇到其他公司採取的不同做法時，我確實也花了不少功夫去理解呢（笑）。

## 想要向創作出有意思的畫面挑戰

──岡本先生您自己回顧往事後有些什麼樣的感想呢？

對我個人來說，最為痛苦掙扎的日子就如字面上所示，在於青春時代呢（笑）。不過，與我們不同的嶄新感性也確實在成長著。看到後來的異端鋼彈和能天使鋼彈時，我不禁想著「當時為何會把ZZ鋼彈設計成那樣」，對自身欠缺能力感到非常後悔。異端鋼彈和能天使鋼彈對我來說是名副其實的震撼。能天使鋼彈將圓形融入到身體的各個部位上，這個著眼點真的很精湛。異端鋼彈不愧是異端，那種強大無比的力量感好到難以形容。這令我個人受到了莫大的影響。因此為了表達敬意，我特地只以能天使鋼彈和異端鋼彈為題材替「GUNDAM ACE」月刊繪製了海報。

──對岡本老師來說，那兩架機體顯然具有特別的意義呢。

確實是別具意義。可說是倍感震撼。看到那兩架機體之後，甚至讓我萌生了「真想回去再做一次鋼彈」的想法呢。不過就算是現今的我去設計，在技術和線條表現層面上大概也只會被視為「落伍的笑話」而無法被眾人接受吧，因此我便放棄往這方面去想囉（笑）。

──即便如此，我們在接觸過去的機器人作品時，還是不乏會有人提到「啊，這是出自岡本老師的設計喔」。

那也是因為我當時確實接了各種領域的許多工作吧。不過，我也總是在胡亂接案的情況下進行下一件工作。說來慚愧，但就結果來看是這樣沒錯呢。

──您客氣了，岡本老師您的成果根本無人能夠取代。期待您的事業今後能夠更上一層樓。

謝謝稱讚。雖然我現在是以擔任監督為主業，但不分動畫還是特攝，我腦海中總是在想著「下次要拍出這樣的畫面」。就這方面來說，「SSSS.DYNAZENON」這部動畫是我睽違已久的怪獸設計工作，真的令我開心不已呢。我個人也還想要向創作出各式各樣有意思的畫面挑戰，希望各位今後也能繼續給予支持指教。

（2021年1月26日於高田馬場進行採訪）

# 武士騎兵的製作直到最後。

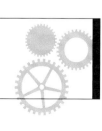

## ■近況

從新冠疫情爆發到2021年已經持續了一年以上。事務所裡一如既往，幾乎總是只有我一個人在工作（笑）。話說在這種世道下，採取遠端視訊會議方式進行討論也是無可奈何的事，一般的報告會議倒是還好，但對於腦力激盪會議來說似乎就不太合適呢……不過這也只是我個人的感想（笑）罷了。不知各位覺得如何呢？

## ■三寒四暖，春日已近

儘管已經3月了，卻還是有幾天比較冷的日子，那麼就來做兩道適合搭配熱酒的下酒菜吧。第一道是「石蓴狸貓豆腐」。之所以稱為狸貓豆腐，理由在於加上了炸麵球（炸天婦羅的碎麵衣）作為配料。也就是由關東所稱的「狸貓蕎麥麵」延伸而來，只要用炸麵球搭配麵味露，再灑上蔥、柴魚片、海苔等片料就行了，其實相當簡單易做。因此就算天氣寒冷也能輕鬆地上菜，還請各位務必要親自嘗試看看喔。

另一道則是「鮪魚肉膾」。我原本就很喜歡吃牛肉做的肉膾，去燒肉餐廳時經常點，但如同各位所知，現在不能提供生牛肉料理了，儘管不確定這能不能取代，但這道鮪魚肉膾確實也是在菜單上常見的料理呢。

*Shin Yashoku Cyodai*

# 真・宵夜分享

Tadahiro Sato
佐藤忠博

## 🌙第8回
## 石蓴狸貓豆腐與
## 鮪魚肉膾

由於重點在於韓式辣醬和芝麻油，因此只要家裡有這兩種調味料，即可輕鬆做出這道下酒菜。這次我選擇多加一點調味料。也可以拿來直接放在白飯上做成「鮪魚肉膾蓋飯」喔！

## ■宣傳「陸行偵察艇」

配合這次的「太陽之牙達格拉姆」特輯，經常關照我的HAL-VAL股份有限公司推出了樹脂套件「陸行偵察艇」，在此借用這個單元的版面順便介紹一下。比例有1/35和適合搭配塑膠模型的1/72這兩種，有興趣的話，請務必搜尋看看相關資訊喔！

套件：因此需要自行組裝和上色。由於是樹脂照片中為1/35比例的陸行偵察艇完成品。

---

## 石蓴狸貓豆腐與鮪魚肉膾

### Recipe1
### 石蓴狸貓豆腐
🍴

材料：豆腐（絹豆腐或木棉豆腐都可以）、乾燥石蓴、麵味露、炸麵球、長蔥、薑、柴魚片
（1）麵味露本身較濃，先以加水稀釋後用鍋子加熱。
（2）放入豆腐並且以不煮到沸騰為前提加熱。
（3）將豆腐連同麵味露放進碗裡，然後將石蓴浸到湯汁裡。儘管在鍋子裡時就先加入石蓴也行，但後續再加進去會顯得比較美觀。
（4）最後是灑上炸麵球、蔥花、柴魚片、薑泥作為配料，這樣一來就大功告成了。

### Recipe2
### 鮪魚肉膾
🍴

**鮪魚肉膾用醬汁**
調好這種醬汁後，用來拌小黃瓜和其他蔬菜也一樣很好吃喔。

材料：鮪魚肉排1片、細蔥、長蔥、薑、大蒜、蛋黃
調味料：韓式辣椒醬、醬油、味醂、芝麻油、熟芝麻粒
（1）將長蔥、薑、大蒜都切碎，並且把鮪魚肉排切成長條狀。至於細蔥則是切成蔥花狀。
（2）將切碎的長蔥、薑、大蒜與調味料混合攪拌成醬汁。喜歡吃辣的人就請多加一些韓式辣椒醬吧。
（3）將醬汁倒在鮪魚條上。
（4）裝進碗裡，並且加上蛋黃、灑上蔥花作為配料，這樣一來就大功告成了。

完成

佐藤忠博 1959年出生。曾擔任過HOBBY JAPAN月刊編輯長、電擊HOBBY MEGAZINE（KADOKAWA發行）的首任編輯長等職務，在模型玩具業界已有37年以上的資歷。現今從事自由業，目前主要是在HAL-VAL股份有限公司的事務所經手編輯、宣傳、企劃等工作。雖然是個人身分，但也承包相關的委託案喔！

## 名為編輯後記的
# 模 型 閒 談

2020年度最後一期的HJ科幻模型範例精選集終於順利發行了。此期刊原本就是從作為會一併介紹「鋼彈」系列以外科幻題材的模型雜誌起步，不過2020年度繼06的「裝甲騎兵波德姆茲」之後，這次的08也以「太陽之牙達格拉姆」為特輯，在連續3期中有2期是非鋼彈系的主題呢。下一期也確定將會推出通用人型決戰兵器的特輯，還請各位千萬別錯過囉。（文／HOBBY JAPAN編輯部 木村學）

▲天才舞者是經由全面塗裝完成的，而且選擇製作成身為包裝盒畫稿主角的飛彈莢艙型。人物模型只有膚色部位保留了成形色。由於這樣一來也營造出了幾分透明感，因此還頗有一回事呢♪

◀▼搭檔DT2是採取保留成形色的簡易製作法來呈現。只有貨櫃內部是在不遮蓋的情況下用噴筆來塗裝暗綠色。用綠色系的濾化液施加濾化與水洗後，又進一步拿地棕色和TAMIYA舊化大師、gaiacolot琺瑯漆的油漬色等用品仔細地為車身各處施加舊化。

## 我果然很喜歡
## 沾滿泥濘的機體……

由於無論如何都想讓布羅姆利 伊凡DT2和天才舞者在扉頁和卷末亮相，因此便分別製作了它們的模型。天才舞者是直接製作完成，並且施加了全面塗裝的作品。這方面是先噴塗桃心花木色底漆補土，再用沙漠黃施加光影塗裝，等到黏貼過水貼紙，進而用消光透明漆噴塗覆蓋整體後，接著使用Mr.舊化漆施加水洗，最後是經由用筆刀的刀尖輕刮表面來做出掉漆痕跡，這麼一來就大功告成了。天神（英貴）老師筆下的包裝盒畫稿對舊化來說非常具有參考價值呢。J.洛克等德洛伊亞之星成員採取了只有膚色部位保留成形色的簡易筆塗上色方式來呈現。要是沒有戴HJ推出的模型用放大眼鏡，我可塗裝不來。畢竟1/72比例實在太小了嘛！不過J.洛克大哥真的做得很像喔。

搭檔DT2則是採取保留成形色的簡易製作法來呈現。這也兼具了測試Max Factory製塑膠套件究竟能將素質發揮到何等程度的用意在（也或許只是我沒時間罷了？），不曉得各位覺得成果如何呢？我覺得應該和經過全面塗裝沒兩樣吧。這次是將濾化液的陰影線加入少量多功能黑和地棕色來調色，然後用來施加濾化與水洗。只不過遷就於成形色的問題，洛基和凱娜莉還是得用全面塗裝的方式來呈現，不過搭檔DT2的製作時間就算包含組裝階段在內，實際上也只要花個1天左右，也就是只要從早上一路做到夜裡，就可以完成了。或許純粹是出於我這個年代的偏好吧，但施加舊化真的很令人開心喔。

# HJ MECHANICS

## STAFF

| | |
|---|---|
| 企劃・編輯 | 木村 学 |
| 編輯 | 五十嵐浩司(TARKUS) |
| | 吉川大郎 |
| 封面模型 | 角田勝成 |
| 封面模型攝影 | 岡本学(スタジオアール) |
| 設計 | 株式会社ビィビィ |
| 攝影 | 株式会社スタジオアール |
| 協力 | 株式会社サンライズ |
| | 株式会社マックスファクトリー |

HOBBY JAPAN MOOK 1066

# HJ科幻模型精選集08

出版　楓樹林出版事業有限公司
地址　新北市板橋區信義路163巷3號10樓
郵政劃撥　19907596　楓書坊文化出版社
網址　www.maplebook.com.tw
電話　02-2957-6096
傳真　02-2957-6435
翻譯　FORTRESS
責任編輯　黃穫容
內文排版　謝政龍
港澳經銷　泛華發行代理有限公司
定價　480元
初版日期　2025年1月

國家圖書館出版品預行編目資料

HJ科幻模型精選集.08,「太陽之牙達格拉姆」
特輯 / Hobby Japan 編輯部作;Fortress
譯. -- 初版. -- 新北市:楓樹林出版事業有限
公司, 2025.01　面;公分
ISBN　978-626-7499-55-9(平裝)

1. 玩具　2. 模型

479.8　　　　　　　　113018364